B

布满像花苞一样的凸起花样的套头衫让人瞬间心动。衣身是直筒的，七分长度的衣袖使用下针编织，不仅织法简单，收尾也很方便，这种设计很难不让人喜欢。

使用线：Tormenta
编织方法：40页

●本书编织图中未注明单位的表示长度的数字均以厘米（cm）为单位。

A

穿着色彩鲜艳的手织毛衫外出吧。这是一件在编织过程中充满乐趣的开衫，组合了三种麻花花样，还有精致的蕾丝花样。

使用线：Monarca
编织方法：34页

C

用织入丝带的线和柔软的马海毛线搭配编织而成的围巾，在中间稍微缝合一下就变成了兜帽。戴上后帽尖会自然地翘起，打造可爱风格。

使用线：Flottant、Kid Mohair Fine 编织方法：39页

D

这是可以成为秋冬时尚亮点的套头衫，深色调和蕾丝花样令其充满魅力。这是一款值得推荐的、不过分夸张的、简单并具有透视感觉的叠穿单品。

使用线：Tormenta
编织方法：42页

E

从育克到衣领的连续条纹花样，加上民间传统风格的配色花样，设计十分精美。增色添彩的红色“果实”不是编织进去的，而是通过刺绣完成的。

使用线：British Eroika

编织方法：44页

F

俏皮的配色，让传统的人字形花样看起来焕然一新。粗花呢纱线的颗粒感营造出独特的韵味，让人着迷。

使用线：Soft Donegal
编织方法：46页

G

插肩袖易于缝合，操作简单，完成后看起来很精致。衣服上排列着许多怀旧风格的绒球，非常可爱。

使用线：Mini Sport
编织方法：49页

H

在清冷孤寂的季节里，让毛线花朵绽放吧。用粗针钩织 3 行即可完成一个花片！轻松编织出的小包，非常适合转换心情。

使用线：Mini Sport 编织方法：52页

I

这是一款神奇的毛线，只需一根线，就能编织出绝妙的费尔岛风格的配色花样。即使是编织新手，也能轻松实现编织出高水平作品的梦想。

使用线：Roulette
编织方法：55页

J

使用了可以深入感受优质羊毛线本身魅力的、具有冲击力的阿兰花样。像生机勃勃的植物一样的花样令人精神愉悦，凸起的花样在底纹的映衬下格外美丽。

使用线：L' INCANTO no.9

编织方法：56页

K

食指可以从指孔中伸出。加针的线条也是设计的一部分，很时尚。简单的连指手套是寒冷季节不可或缺的单品。

使用线：Tormenta
编织方法： 60页

L

这款开衫由两片边长40多厘米的双色六边形花片组合而成。让人不得不惊叹花片组合的无限可能性。

使用线：L' INCANTO no.5
编织方法：62页

M

用让人联想到小鸟叽叽喳喳鸣叫声的极粗毛线，松松地编织出这款正流行的粗针毛衣。身片和前门襟连在一起编织，无须多费功夫就能轻松完成。

使用线：Tweet
编织方法：59页

N

闪闪发亮的、蓬松的、毛茸茸的帽子，实际上非常紧密、厚实且触感一流。仅需按下针环形编织即可，轻松无压力。

使用线：Eclatant 编织方法：76页

O

身片和衣袖只需编织方形织片，成品却如此可爱！这是用上等的、蓬松的马海毛线和迷人的花式纱线搭配编织而成的绝妙作品。

使用线：Flottant、Julika Mohair
编织方法：39页

P

短距的段染线与起伏针的邂逅，产生了充满随意感的树叶花样，这是束口袋和室内鞋的亮点。用一团线就可以编织出这两样东西。编织精致小物的过程是无比幸福的时光。

使用线：Roulette

编织方法：67页（室内鞋）
68页（束口袋）

Q

连接蓬勃向上的可爱花朵花样的纵向线条，让这款背心显得十分清爽。宽松的 V 领以及上针编织的边缘也令人眼前一亮，撩动着编织者的心弦。

使用线：Alba

编织方法： 70页

R

用可爱的麻花花样将男士风格的亨利领毛衣进行少女感改造。搭配略有书卷气的眼镜，稍显随意又不失知性。

使用线：Boboli

编织方法：72页

S

采用黑白色调的有效配色，给人以精致印象。此款毛衣由两种不同的花片连接而成。活用花片的高领设计也非常棒。

使用线：Princess Anny
编织方法：77页

T

一款运用两种编织花样的，如同古典衬衫般的，设计优雅的套头衫。这是有着规整衣袖的正统版型。

使用线：Queen Anny
编织方法：82页

U

在保持良好实用性的基础上，用粗花呢线编织边缘，将皮草夹克风的对襟开衫变得迷人可爱。用不同颜色的线材编织，可以尽情享受那闪闪发光的线材带来的满足感。

使用线：Eclatant、NEW 3PLY、Soft Donegal

编织方法：86页

V

斜肩的边针看起来像肩章一样，充满编织技巧。这是一款设计感十足的套头衫。可以切实感受到柔软的手感和极为轻暖的马海毛线带来的幸福感。

使用线：Julika Mohair
编织方法：88页

W

这款手拎包是用经典的平直毛线编织而成的。用圆鼓鼓的枣形针编织出人字纹花样。
选择自己喜欢的颜色来编织也是手工编织的乐趣所在。

使用线：British Fine　编织方法：90页

X

用单色的、柔软的 100% 幼羊驼毛线，和可享受颜色变化的段染线编织条纹花样，再搭配一排排小小的绒球，这是一款虽简约却能让人享受手工乐趣的背心。

使用线：Charkha、Lecce
编织方法：92页

Y

用中细线精心编织的披肩，是冬季时尚小物中的明星单品。重复挂针和2针并1针，色彩变化丰富的混合线戏剧性地呈现出美妙的花纹。

使用线：MILLE COLORI BABY　编织方法：94页

本书用线一览表

图片为实物粗细

线名	成分	粗细	色数	规格	线长	用针号数	标准下针编织密度	特征
1 Tormenta	羊毛 72%（使用 100% 羔羊毛） 安哥拉羊毛 10% 尼龙 10% 真丝 8%	中细	8	50g/团	179m	5~7 号	19~20 针 27~28 行	线材中缠绕的真丝，仿佛高山上飘舞的细雪。成品手感优良、质地轻柔
2 Roulette	羊毛 75% 尼龙 25%	粗	6	100g/团	260m	6~8 号	20~21 针 27~28 行	只用一根线，就能享受配色花样的乐趣的段染线。具有适度的弹力，适合编织毛衣、小物等各种各样的毛线物品
3 Flottant	棉 72% 尼龙 28%	中粗	7	50g/团	100m	7~9 号	14~15 针 22~23 行	一款像蝴蝶翩翩起舞一样可爱的线材。质地柔软，适用于简单的编织花样或编织花样的某个部分，可以编织出有品位的成品
4 Eclatant	尼龙 80% 涤纶 20%	极粗	8	50g/团	87m	8~10 号	16~17 针 25~26 行	仿佛晶莹剔透的雪花从寒空中飘落，所以将此线命名为 Eclatant，该词在法语中的意思是“闪亮的”。这是一款仿皮草线，手感舒适顺滑
5 Monarca	羊驼毛 70% 羊毛 30%	极粗	10	50g/团	89m	8~10 号	17~18 针 23~24 行	加入优质羊驼毛的极粗线，能织出舒适织片。织片带有柔软触感及光泽感，成品精美、优雅
6 Boboli	羊毛 58% 马海毛 25% 桑蚕丝 17%	粗	14	40g/团	110m	5~7 号	22~23 针 28~29 行	纺织时弱化桑蚕丝的质感，强调阴影。不同光泽的原材料巧妙融合，呈现出优美的质感
7 Julika Mohair	马海毛 86%（使用 100% 超级幼马海毛） 羊毛 8%（使用 100% 极细美利奴羊毛） 尼龙 6%	中粗	16	40g/团	102m	8~10 号	15~16 针 20~21 行	使用超级幼马海毛、极细美利奴羊毛等高级原材料，是一款具有织物轻柔、触感上佳等特点的中粗马海毛线
8 British Fine	羊毛 100%	中细	40	25g/团	116m	3~5 号	25~26 针 33~34 行	英国产的、柔韧的经典平直毛线。偏细的中细线，单根或合股都能轻松编织
9 NEW 3PLY	羊毛 100%（防缩加工）	细	30	40g/团	215m	1~3 号	31~32 针 45~46 行	一款具有 30 种颜色的、色调丰富的细线。经过防缩加工，手感、颜色、功能性均优越，长久以来深受大众喜爱
10 L' INCANTO no.9	羊毛 100%	极粗	5	50g/团	83m	10~12 号	16~17 针 22~23 行	有 5 种基础色调的极粗线。柔软中带有适度弹性，手感好，易于织出具有舒适感的优美织片。适合阿兰花样、基础花样等
11 L' INCANTO no.5	羊毛 100%	粗	5	40g/团	124m	5~7 号	22~23 针 30~31 行	有 5 种基础色调的粗线。和 L' INCANTO no.9 相比，粗细不同、颜色相同，可以搭配使用。适合基础花样、蕾丝花样等
12 Soft Donegal	羊毛 100%	中粗	9	40g/团	75m	8~10 号	15~16 针 23~24 行	爱尔兰多尼戈尔地区的传统粗花呢线。结粒也均使用羊毛制作，是一种张力适度、易于编织的线
13 Tweet	羊毛 40%（使用 100% 极细美利奴羊毛） 马海毛 36%（使用 100% 超级幼马海毛） 尼龙 13% 棉 11%	极粗	6	40g/团	95m	10~12 号	12~13 针 16~17 行	精美且轻柔感十足，蓬松且格外可爱的花色纱线。编织的成品能浮现出美丽的色彩。是一款具有质感的线材，适合简单的花样
14 Queen Anny	羊毛 100%	中粗	55	50g/团	97m	6~7 号	19~20 针 27~28 行	颜色丰富、齐全的中粗线。独特的混纺工艺打造出柔软的弹性和雅致的光泽
15 British Eroika	羊毛 100%（使用 50% 以上英国羊毛）	极粗	35	50g/团	83m	8~10 号	15~16 针 21~22 行	以英国羊毛的弹力及张力为基础，增加柔韧性及柔软度。易于编织，深受广大消费者喜爱
16 Lecce	羊毛 90% 马海毛 10%	中细	8	40g/团	160m	4~6 号	24~25 针 30~31 行	将优质羊毛和马海毛进行 7 色段染，再纺成多色混合的段染线。拥有复杂多变的色调
17 Charkha	羊驼毛 100%（使用 100% 幼羊驼毛）	粗	6	50g/团	100m	4~6 号	21~22 针 27~28 行	幼羊驼毛线特有的温润柔滑触感，以及艳丽自然的色调、贴身垂感是其魅力所在。色彩方面，均为易于搭配的自然色彩
18 Princess Anny	羊毛 100%（防缩加工）	粗	35	40g/团	112m	5~7 号	21~22 针 28~29 行	让人爱不释手的经典 100% 羊毛粗线。配色花样、基础花样等均适合
19 Alba	羊毛 100%（使用 100% 极细美利奴羊毛）	粗	20	40g/团	105m	6~7 号	23~24 针 31~32 行	100% 使用美利奴羊毛中品质最高的极细美利奴羊毛。触感柔滑及光泽优美是其特点
20 Mini Sport	羊毛 100%	极粗	28	50g/团	72m	8~10 号	16~17 针 21~22 行	这是一款有弹性、舒适型的平直毛线。易于编织、弹性十足是其特点。是很受欢迎的毛线
21 MILLE COLORI BABY	羊毛 100%（使用 100% 美利奴细羊毛）	中细	8	50g/团	190m	3~5 号	25~26 针 32~33 行	这是一款多色段染线，适合棒针和钩针编织。使用质地优良、手感光滑的美利奴细羊毛加工而成
22 Kid Mohair Fine	马海毛 79%（使用超级幼马海毛） 尼龙 21%	极细	28	25g/团	225m	1~3 号	27~28 针 39~40 行	使用超级幼马海毛，触感柔软。添加尼龙适当增加韧性。可以和不同素材一起使用

●线的粗细仅作为参考，标准下针编织密度是制造商提供的数据。

作品的编织方法

A | 02、03页

●材料

Monarca(极粗)红色(904)540g/11团
6个直径2.3cm的纽扣

●工具

棒针10号

●成品尺寸

胸围109cm，衣长50.5cm，肩宽37cm，袖长41cm

●编织密度

10cm×10cm面积内：编织花样B、C均22针，23.5行；编织花样E21针，26行

●编织要点

前、后身片 手指挂线起针后，按照图示做编织花样A、B、C、D、E。肩部的针目做休针处理。

衣袖 袖下加针，编织终点的针目做伏针收针。

组合 肩部将前、后身片正面相对做盖针接合。衣领从身片挑针，做编织花样A。在右前身片编织扣眼。胁部、袖下做挑针缝合。衣袖和身片做引拔接合。在左前身片上缝纽扣。

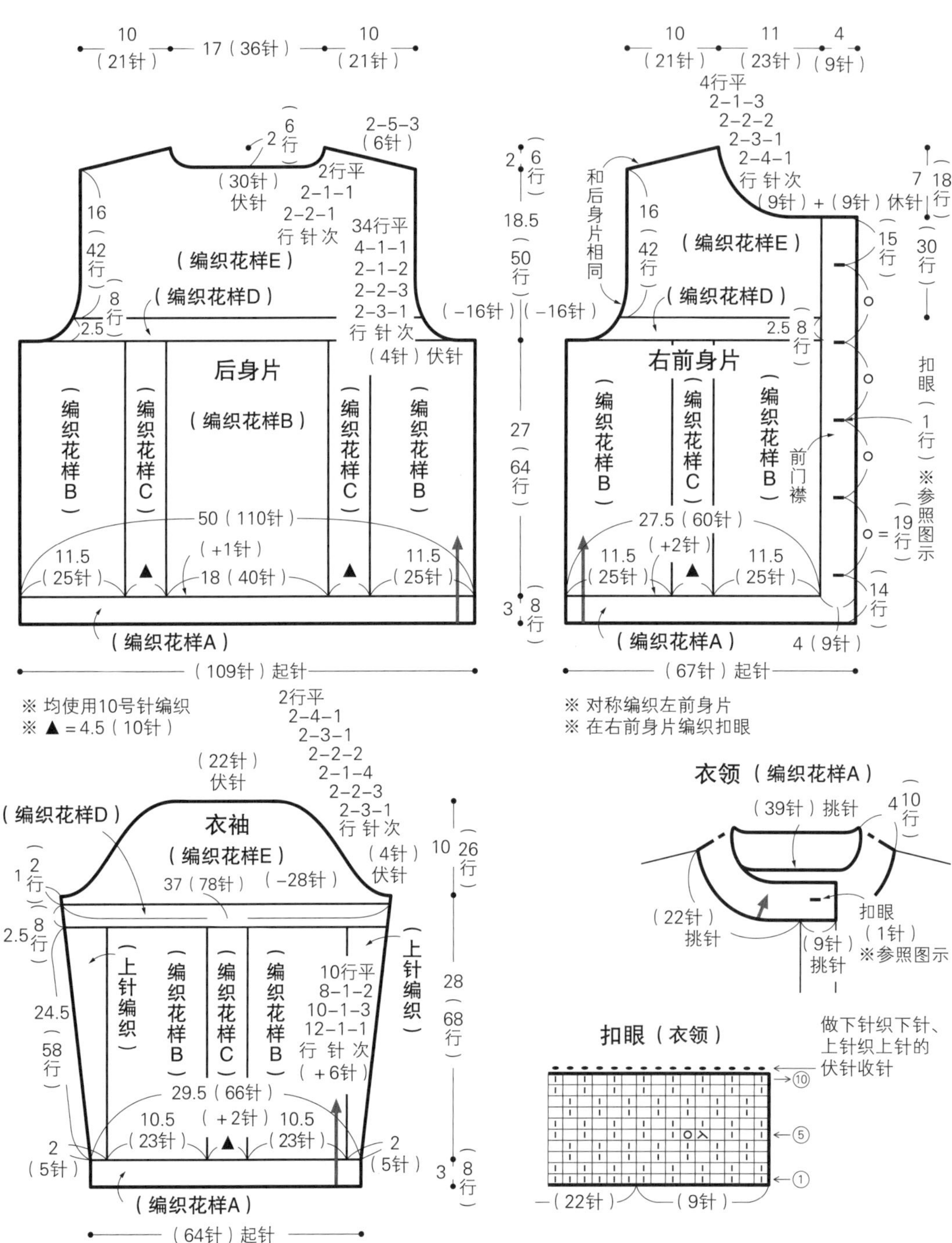

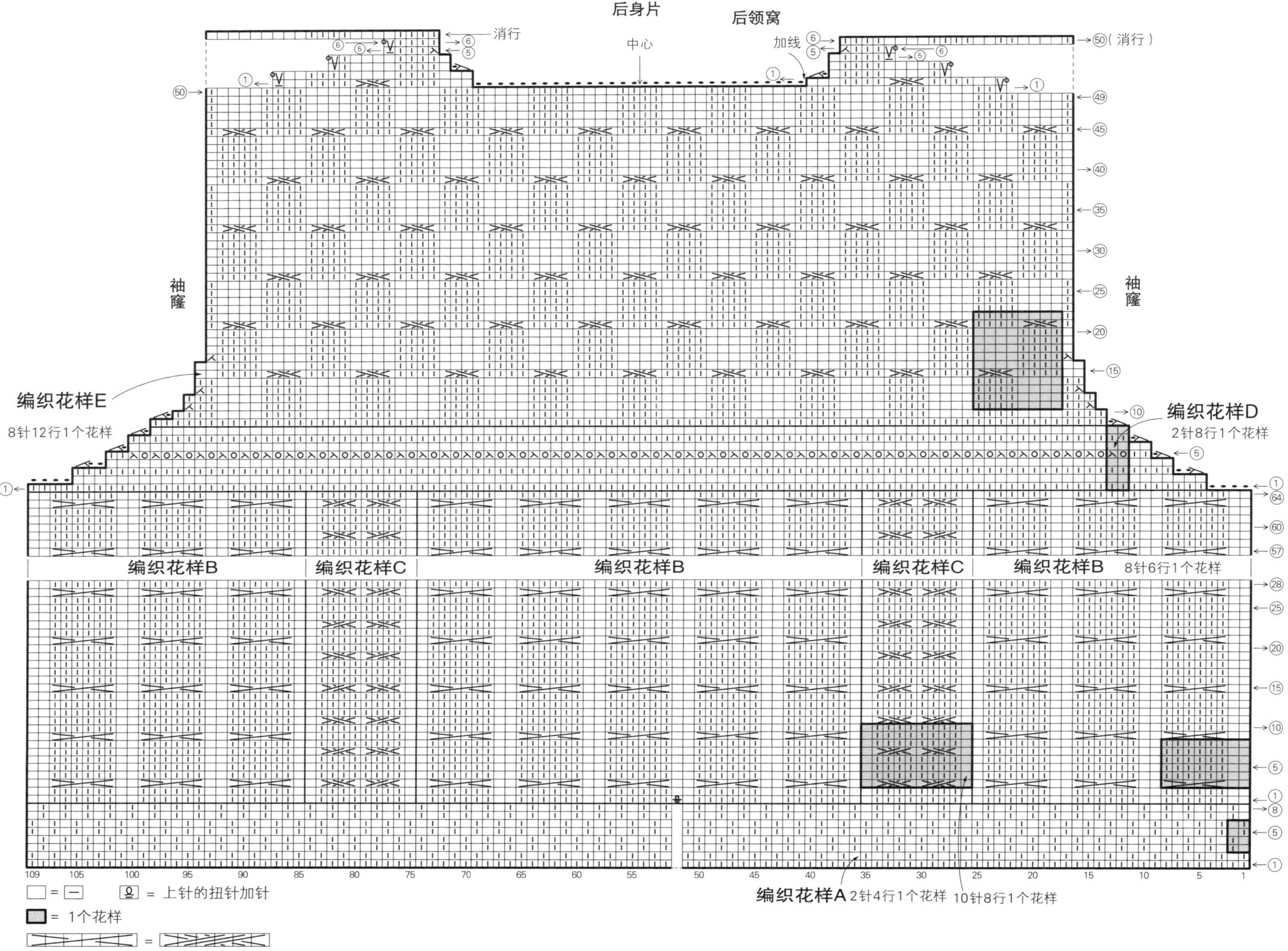

后身片
后领窝
中心
消行
50（消行）
加线
袖窿
袖窿
编织花样E
8针12行1个花样
编织花样D
2针8行1个花样
编织花样B
编织花样C
编织花样B
编织花样C
编织花样B
8针6行1个花样
编织花样A 2针4行1个花样
10针8行1个花样
□ = ⊟
= 上针的扭针加针
= 1个花样

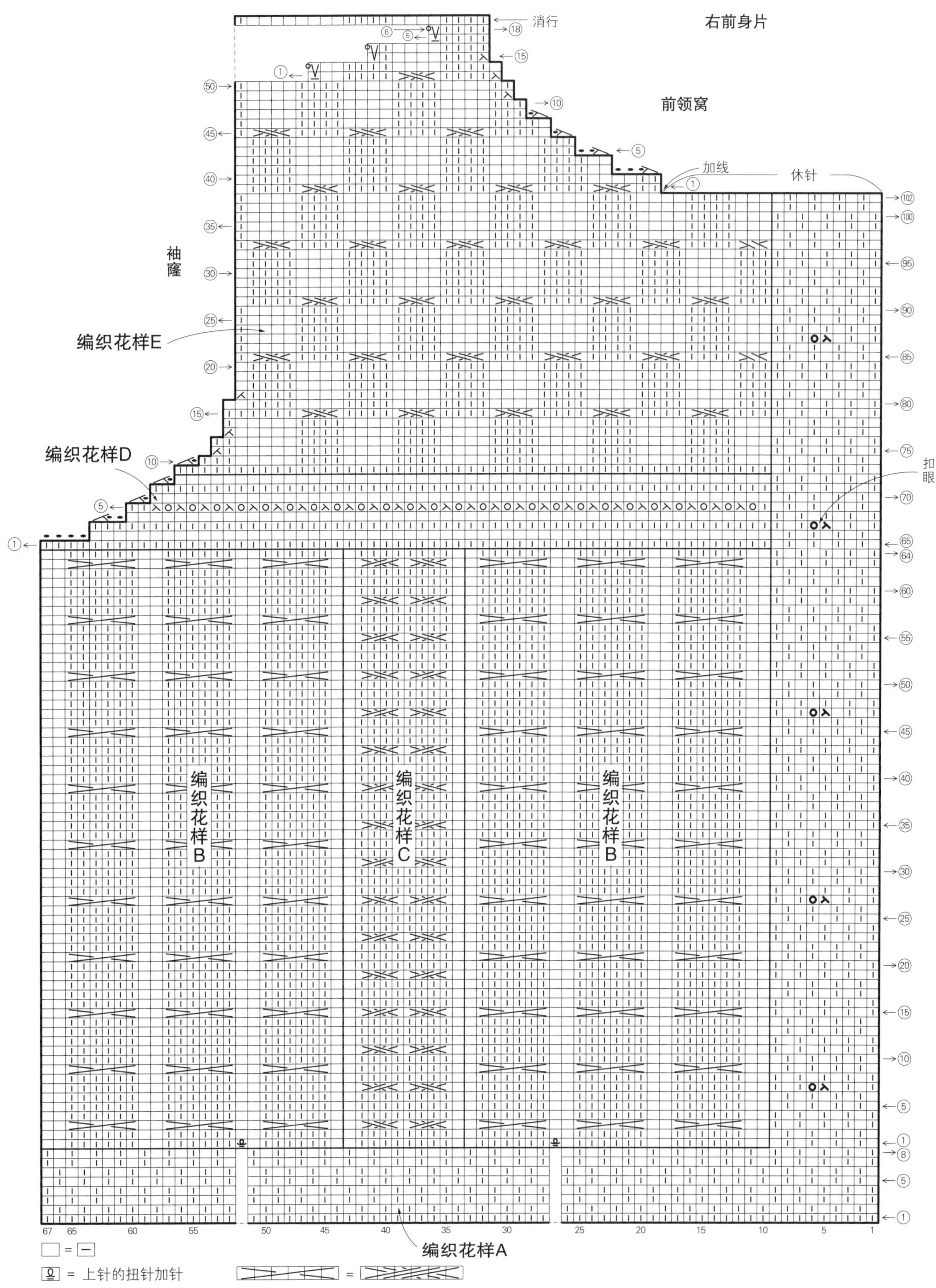

消行
右前身片
前领窝
加线
休针
袖窿
编织花样E
编织花样D
扣眼
编织花样B
编织花样C
编织花样B
编织花样A
= 上针的扭针加针

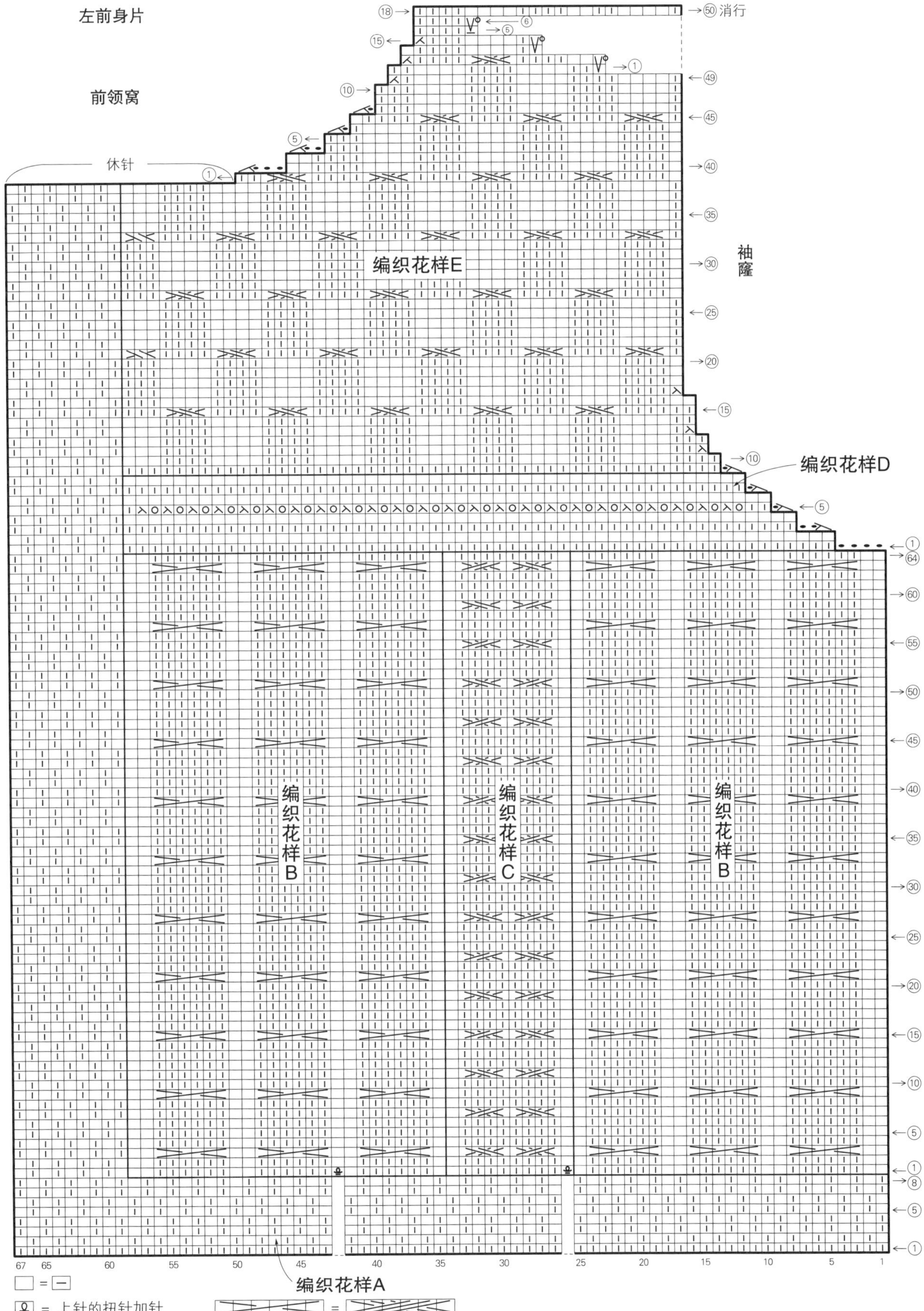
左前身片
前领窝
休针
消行
袖窿
编织花样E
编织花样D
编织花样B
编织花样C
编织花样B
编织花样A
67
65
60
55
50
45
40
35
30
25
20
15
10
5
1
= 上针的扭针加针

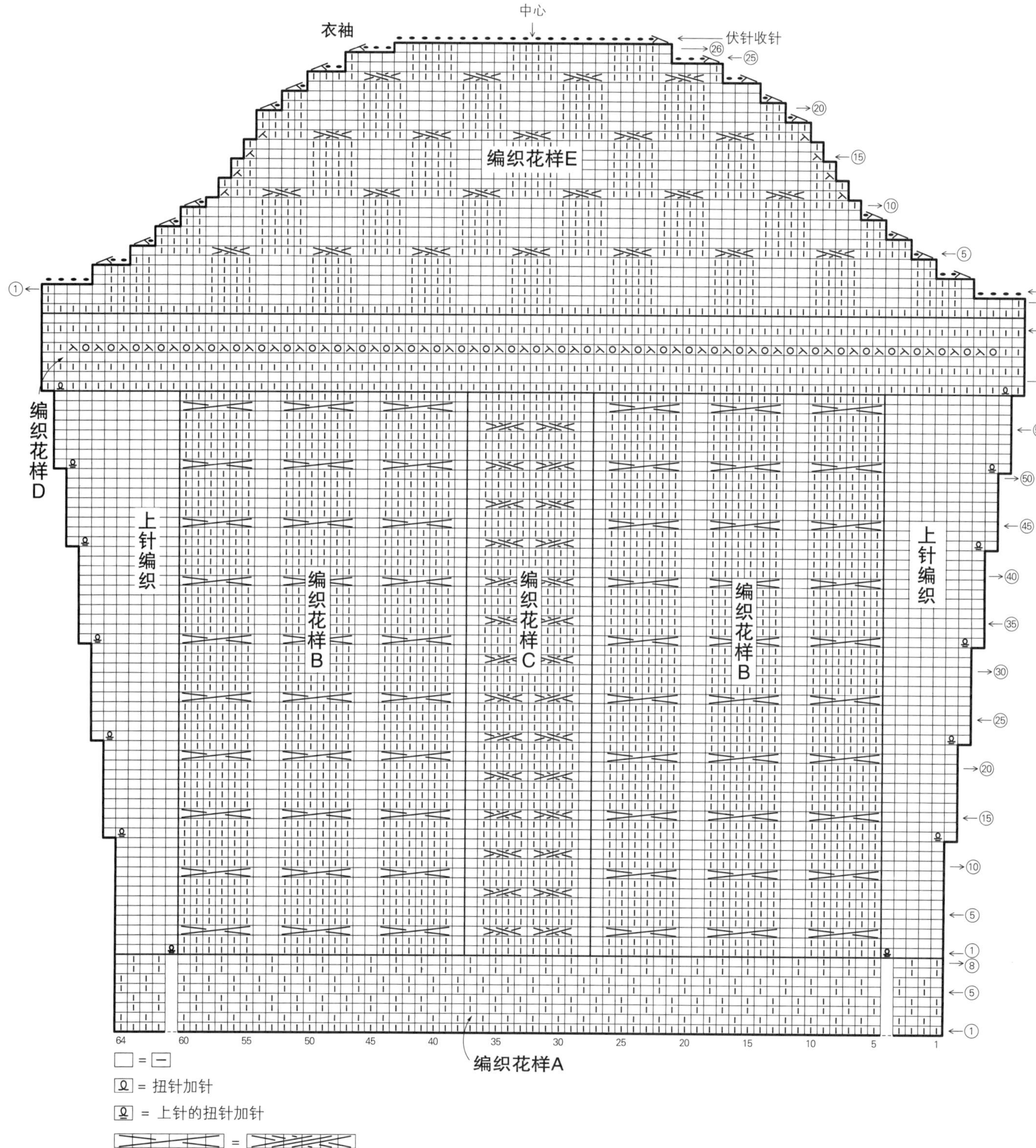

中心
衣袖
伏针收针
编织花样E
编织花样D
上针编织
编织花样B
编织花样C
编织花样B
上针编织
编织花样A
□ = ⊟
= 扭针加针
= 上针的扭针加针

C | 05页

●**材料**

Flottant(中粗)黄色(2)190g/4团
Kid Mohair Fine(极细)黄色(56)40g/2团

●**工具**

棒针12号

●**成品尺寸**

宽25cm，长90cm

●**编织密度**

10cm×10cm面积内：下针编织14针，19.5行

●**编织要点**

Flottant和Kid Mohair Fine双线编织。手指挂线起针后，做无加减针的下针编织。编织终点的针目做伏针收针。正面朝外对折后，头部做挑针缝合。

※均使用12号针编织

※Flottant和Kid Mohair Fine各1根线，双线编织

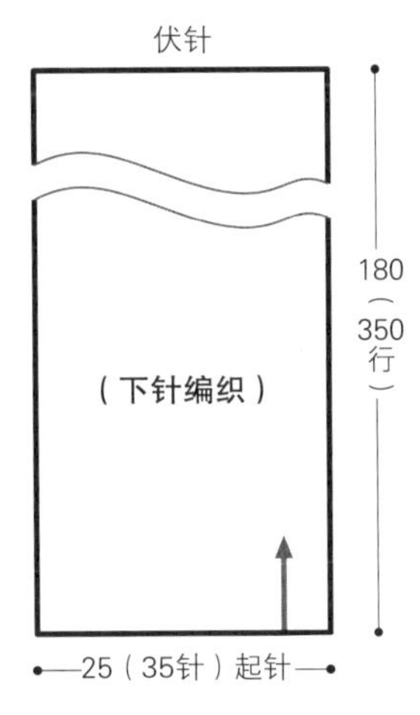

组合方法

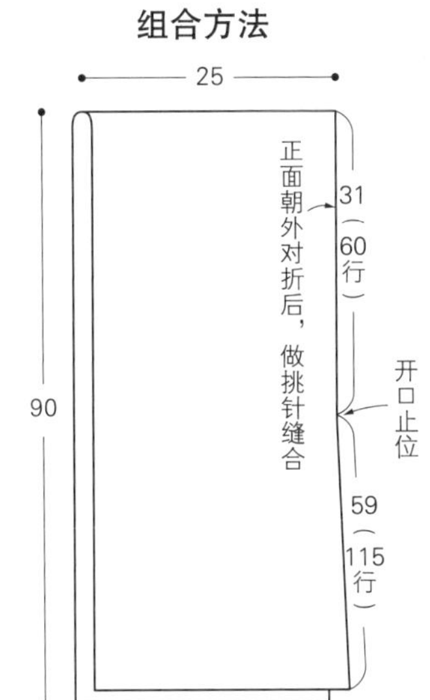

O | 20页

●**材料**

Flottant(中粗)灰色(9)240g/5团
Julika Mohair(中粗)灰咖色(311)180g/5团

●**工具**

棒针8mm

●**成品尺寸**

胸围108cm，衣长47cm，连肩袖长64cm

●**编织密度**

10cm×10cm面积内：下针编织10针，14行

●**编织要点**

Flottant和Julika Mohair双线编织。

前、后身片 手指挂线起针后，做下针编织至肩部。在接袖止位用线头做标记，领窝做伏针收针，肩部的针目做休针处理。

衣袖 肩部将前、后身片正面相对做盖针接合。衣袖从前、后袖窿挑针，做下针编织。编织终点的针目边减针边做伏针收针。

组合 胁部、袖下做挑针缝合。

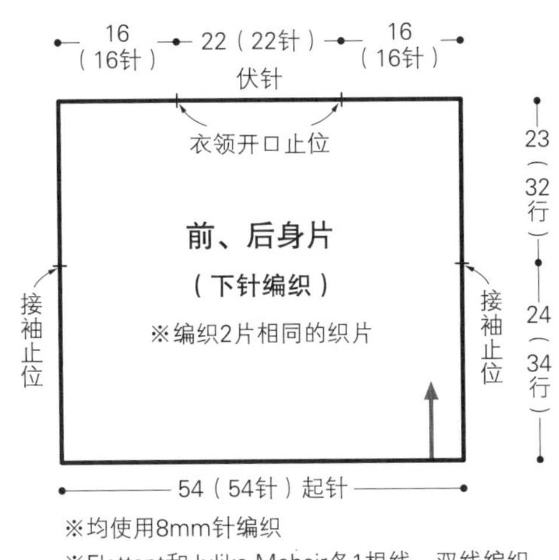

※均使用8mm针编织

※Flottant和Julika Mohair各1根线，双线编织

B | 04页

●材料

Tormenta（中细）灰色（603）300g/6团

●工具

棒针6号

●成品尺寸

胸围108cm，衣长52cm，连肩袖长57cm

●编织密度

10cm×10cm面积内：编织花样26针，28行；下针编织23针，32行

●编织要点

前、后身片　手指挂线起针后，下摆做双罗纹针，接着做编织花样至肩部。在接袖止位用线头做标记。领窝做休针、伏针减针和立起侧边1针的减针。肩部的针目做休针处理。

衣袖　用和身片相同的方法起针后，做双罗纹针和下针编织。袖下在1针内侧做扭针加针，袖山做伏针收针。

组合　肩部将前、后身片正面相对做盖针接合。衣领从身片挑针，按双罗纹针环形编织，编织终点的针目做下针织下针、上针织上针的伏针收针。胁部、袖下做挑针缝合。衣袖和身片做引拔接合。

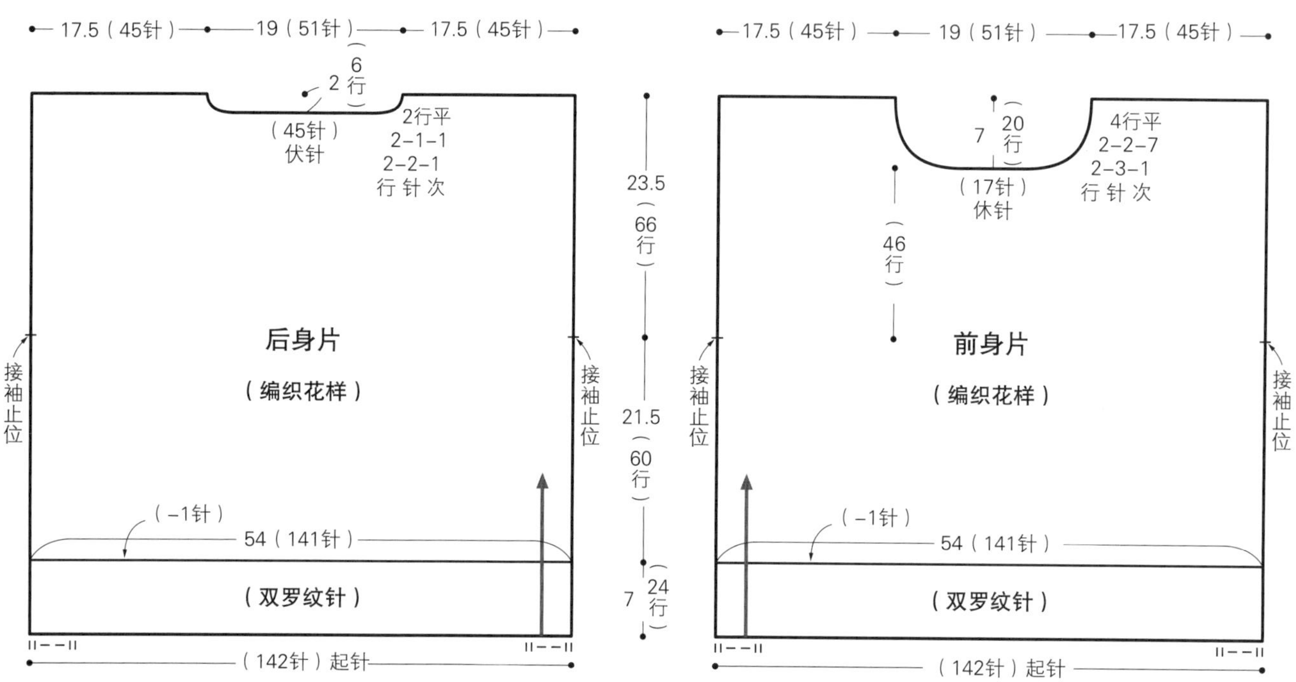

※均使用6号针编织

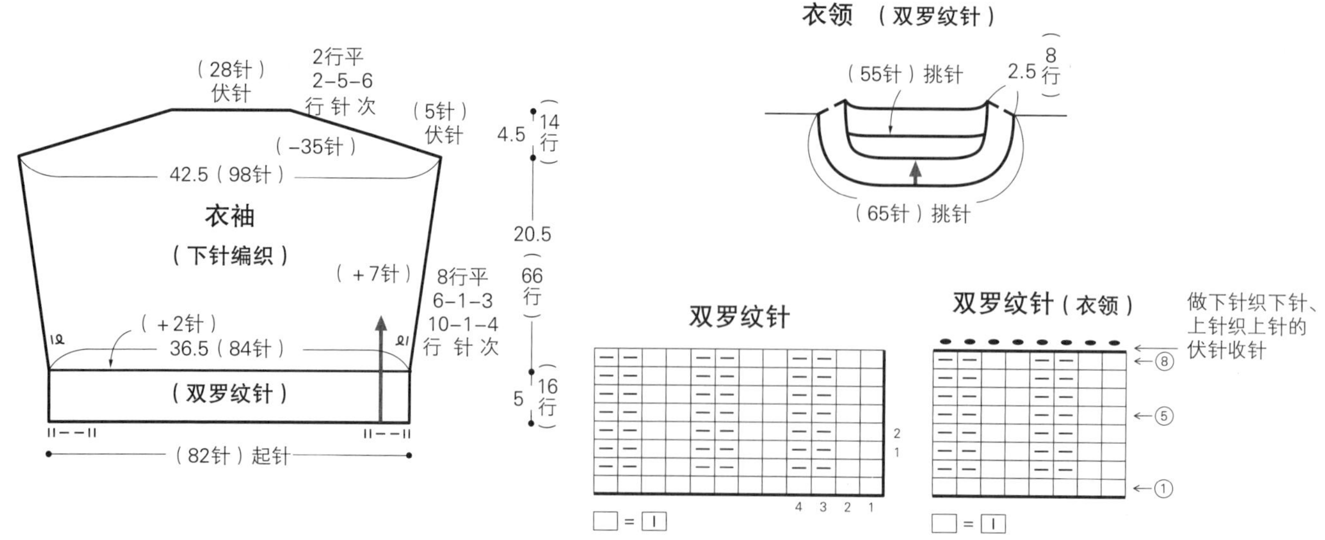

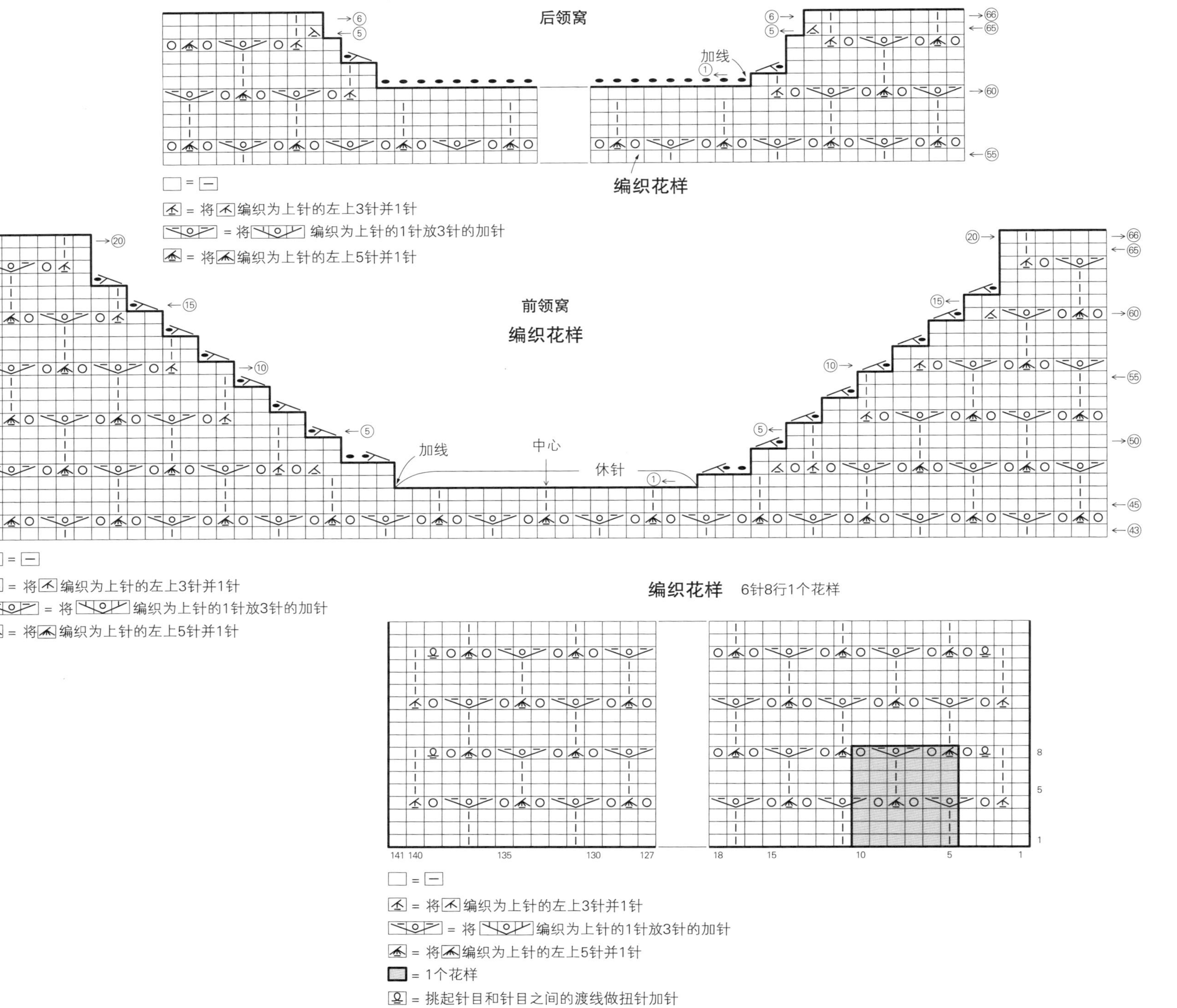
后领窝
加线
编织花样
□ = ⊟
= 将 编织为上针的左上3针并1针
= 将 编织为上针的1针放3针的加针
= 将 编织为上针的左上5针并1针
前领窝
编织花样
加线
中心
休针
□ = ⊟
= 将 编织为上针的左上3针并1针
= 将 编织为上针的1针放3针的加针
= 将 编织为上针的左上5针并1针
编织花样 6针8行1个花样
□ = ⊟
= 将 编织为上针的左上3针并1针
= 将 编织为上针的1针放3针的加针
= 将 编织为上针的左上5针并1针
= 1个花样
= 挑起针目和针目之间的渡线做扭针加针

D ｜ 06、07页

●**材料**

Tormenta(中细)苔藓绿色(606)180g/4团

●**工具**

棒针6号

●**成品尺寸**

胸围106cm，衣长50.5cm，连肩袖长29.5cm

●**编织密度**

10cm×10cm面积内：编织花样20针，28行

●**编织要点**

前、后身片 手指挂线起针后，下摆做起伏针，接着做编织花样至肩部。在衣袖开口止位用线头做标记。领窝做休针、伏针减针和立起侧边1针的减针。肩部做引返编织，肩部的针目做休针处理。

组合 肩部将前、后身片正面相对做盖针接合。胁部做挑针缝合。衣领、袖口从身片挑针，按起伏针环形编织，编织终点的针目做上针的伏针收针。

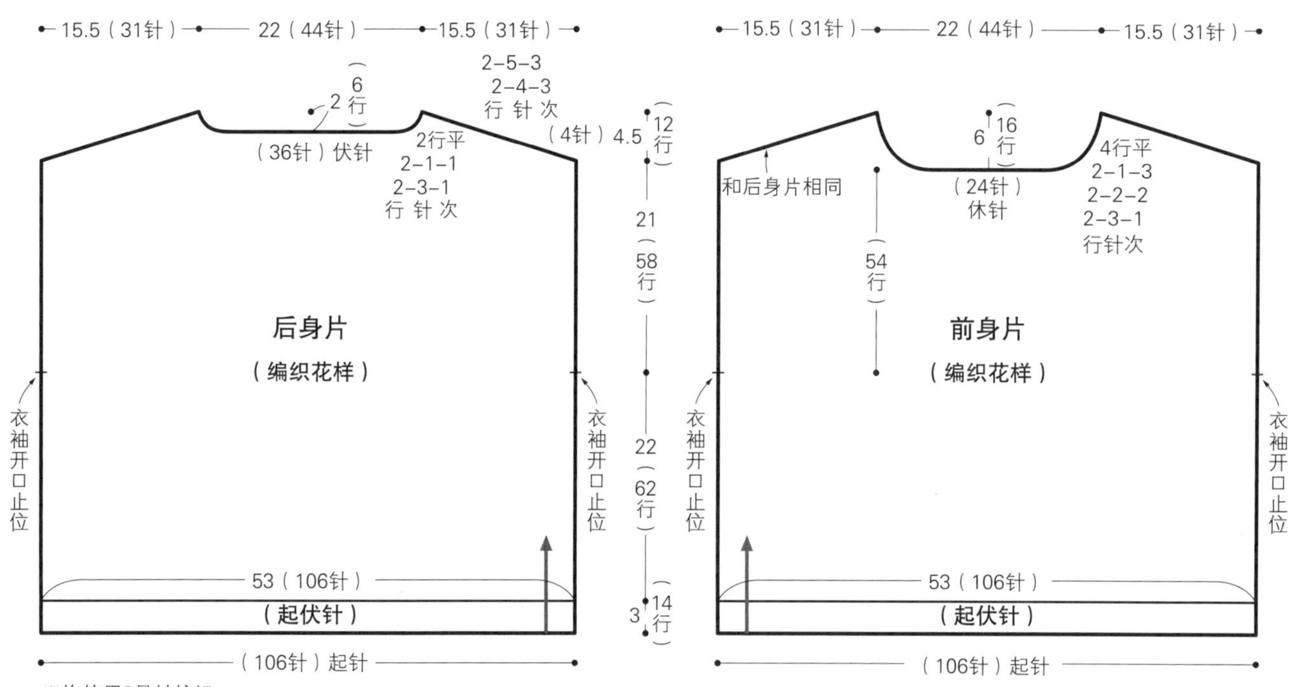

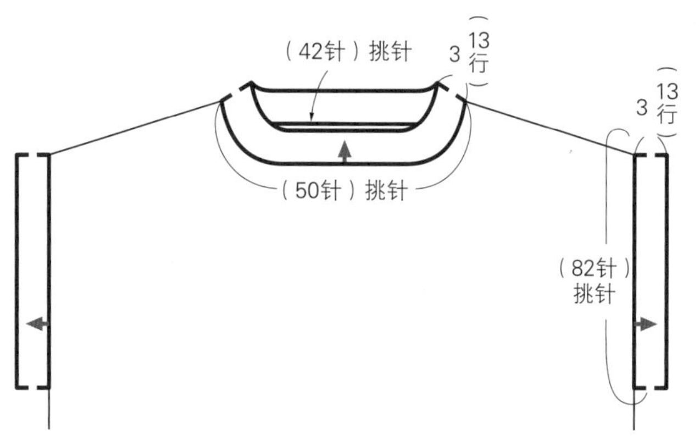

起伏针(衣领、袖口)

起伏针

2
1
1

□ = 丨

上针的伏针收针
⑬
⑩
⑤
①
1

□ = 丨

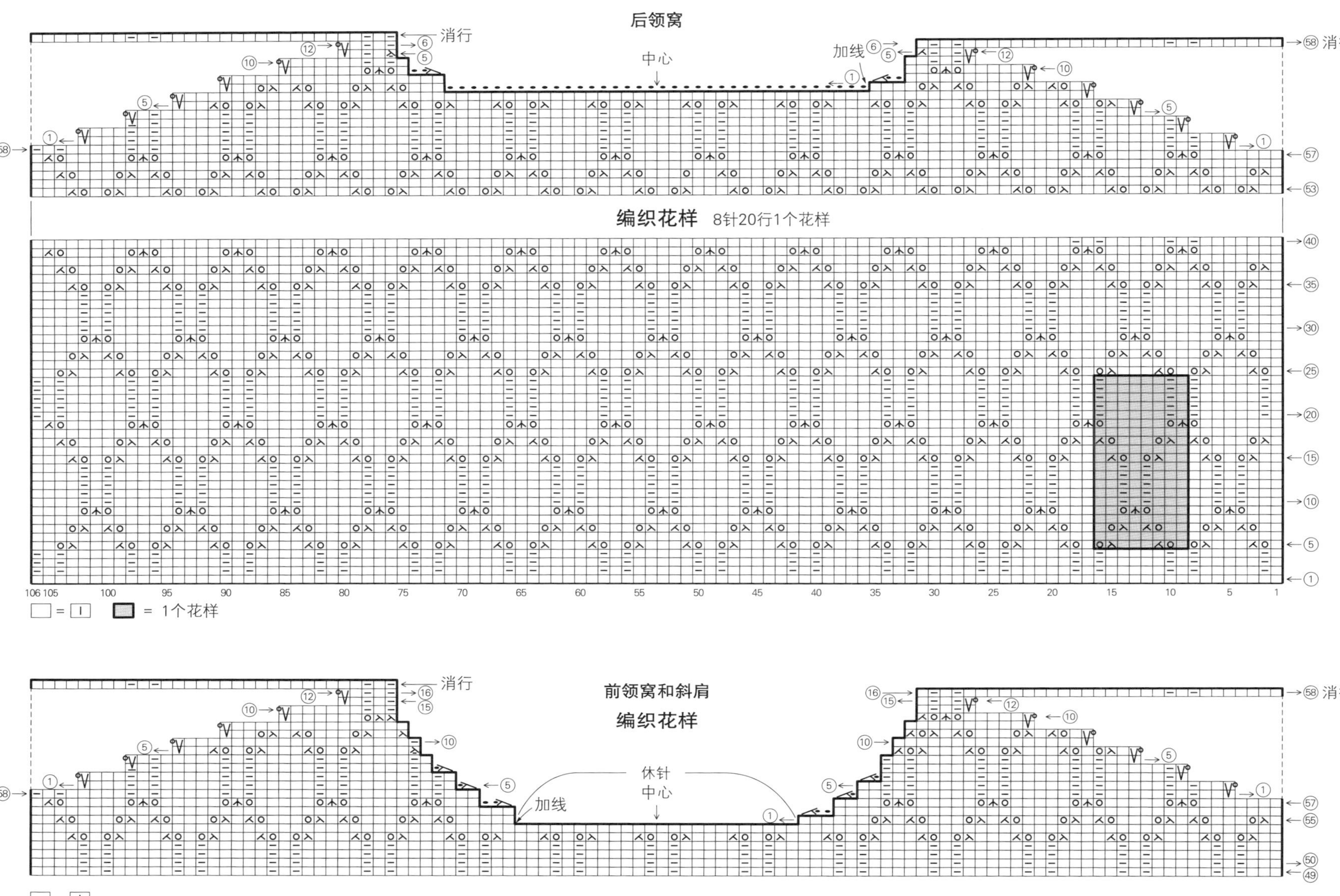
后身片
后领窝
消行
中心
加线
消行
编织花样 8针20行1个花样
= 1个花样
前领窝和斜肩
编织花样
消行
休针
中心
加线
消行

E | 08页

●材料

British Eroika(极粗)藏青色(102)370g/8团，象牙白色(134)160g/4团，浆果红色(204)10g/1团

●工具

棒针9号

●成品尺寸

胸围102cm，衣长66.5cm，连肩袖长75cm

●编织密度

10cm×10cm面积内：下针编织16针，21行

●编织要点

前、后身片 另线锁针起针后，做下针编织完成胁部。胁部的3针做伏针，插肩线做立起侧边2针的减针，育克换线处做伏针减针和立起侧边1针的减针。

衣袖 用和身片相同的方法起针后，做下针编织。袖下在1针内侧做扭针加针。

组合 下摆、袖口做配色花样A，编织终点的针目做伏针收针。胁部、袖下、插肩线做挑针缝合，胁部的3针做下针无缝缝合。育克从前、后身片和衣袖挑针，按配色花样B环形编织，做2针加针，按编织花样一边编织一边分散减针。衣领按双罗纹针环形编织，编织终点的针目做双罗纹针收针。

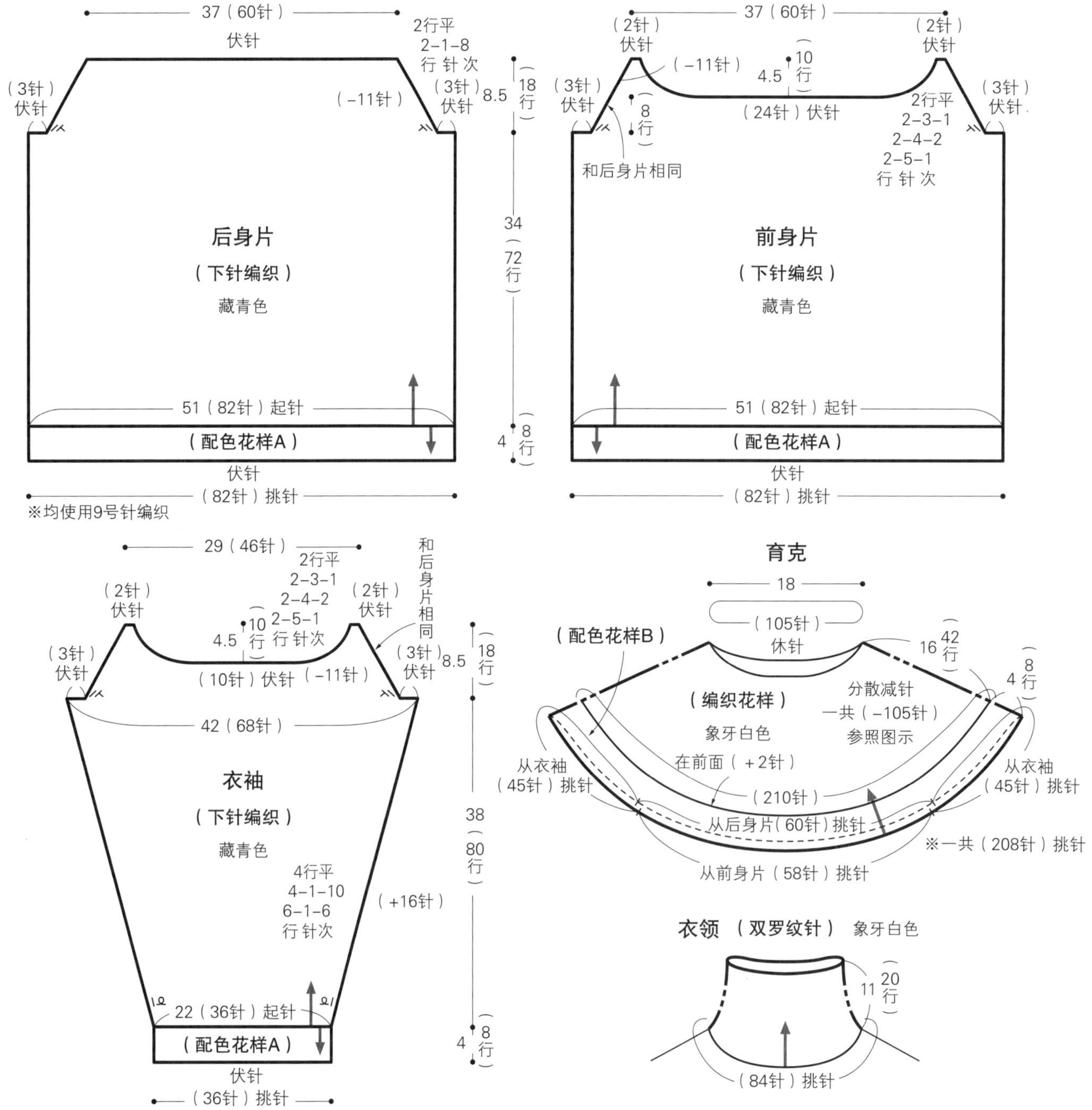

后身片
(下针编织)
藏青色
37(60针)
伏针
2行平
2-1-8
行 针 次
(3针)伏针
(-11针)
8.5(18行)
34(72行)
51(82针)起针
(配色花样A)
4(8行)
伏针
(82针)挑针
※均使用9号针编织

前身片
(下针编织)
藏青色
37(60针)
(2针)伏针
(-11针)
4.5(10行)
(24针)伏针
(3针)伏针
8行
和后身片相同
2行平
2-3-1
2-4-2
2-5-1
行 针 次
51(82针)起针
(配色花样A)
伏针
(82针)挑针

衣袖
(下针编织)
藏青色
29(46针)
2行平
2-3-1
2-4-2
2-5-1
行 针次
(2针)伏针
4.5(10行)
和后身片相同
(3针)伏针
(10针)伏针
(-11针)
8.5(18行)
42(68针)
38(80行)
4行平
4-1-10
6-1-6
行 针次
(+16针)
22(36针)起针
(配色花样A)
4(8行)
伏针
(36针)挑针

育克
18
(105针)
休针
16(42行)
4(8行)
(配色花样B)
(编织花样)
象牙白色
分散减针
一共(-105针)
参照图示
在前面(+2针)
(210针)
从衣袖(45针)挑针
从衣袖(45针)挑针
从后身片(60针)挑针
从前身片(58针)挑针
※一共(208针)挑针

衣领 (双罗纹针) 象牙白色
11(20行)
(84针)挑针

插肩线和前身片、衣袖的减针

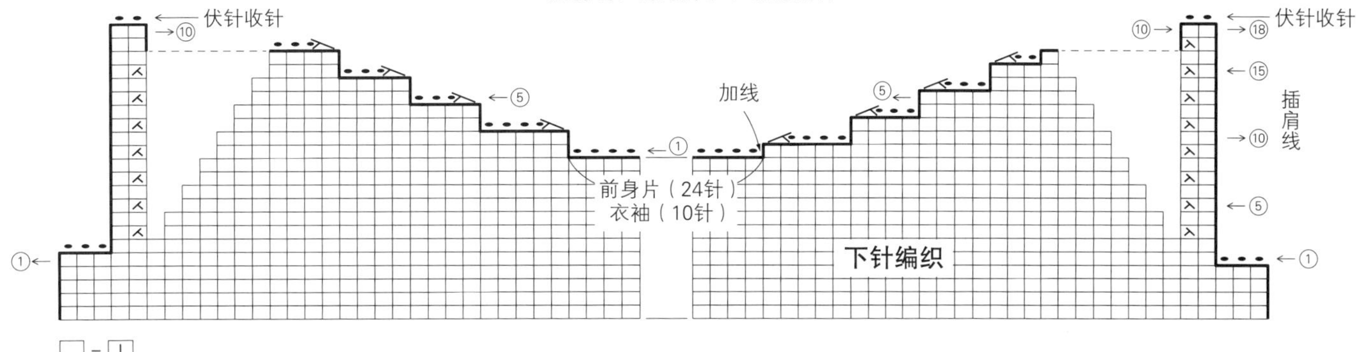

□ = |

育克和衣领的分散减针

衣领（双罗纹针）

⑧
⑤
①（−21针）（84针）

㊷
㊵
㉟（−21针）（105针）

㉞
㉚
㉗（−21针）（126针）

育克（编织花样）

㉕
㉑（−21针）（147针）

⑳
⑮
⑬（−21针）（168针）

⑫
⑩
⑦（−21针）（189针）

⑤
①（210针）（+2针）

22 20 15 10 5 1

10针1个花样
重复21次

编织起点

□ = |

▨ = 1个花样

配色花样A

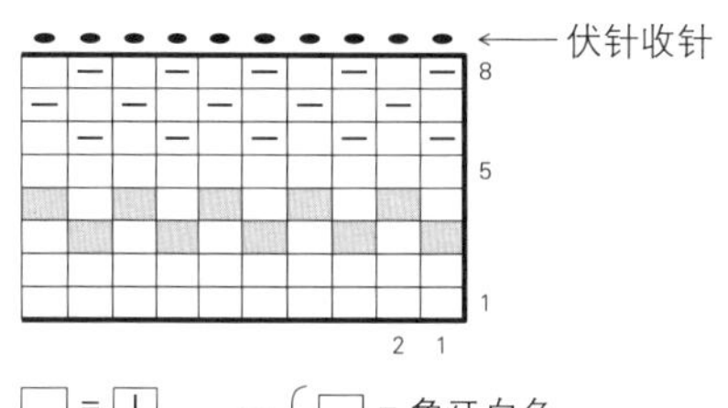

□ = |

配色 □ = 象牙白色
▨ = 藏青色

配色花样B

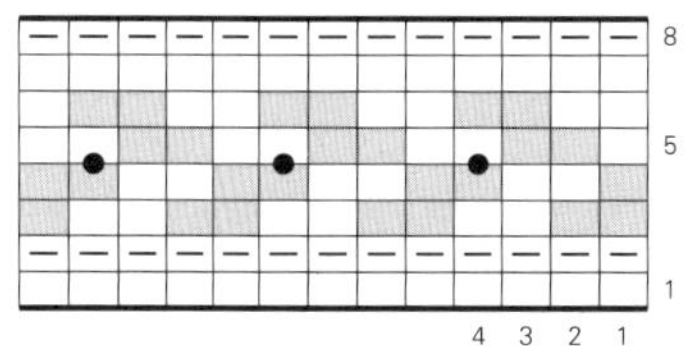

□ = |

● = 后续用浆果红色线做法式结粒绣

配色 □ = 象牙白色
▨ = 藏青色

※按横向渡线编织配色花样的方法编织
（参照48页）

法式结粒绣

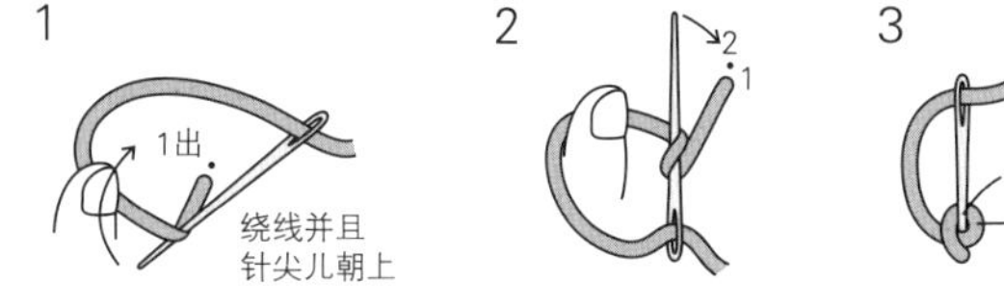

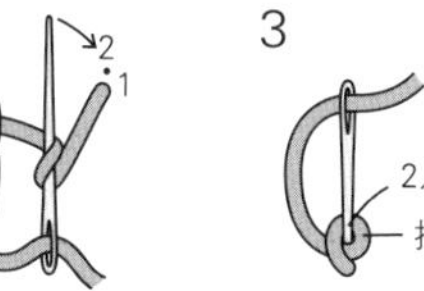

F | 09页

●材料

Soft Donegal（中粗）浅灰色（5229）230g/6团，蓝色（5248）210g/6团

●工具

棒针12号、11号

●成品尺寸

胸围 96cm， 肩宽 40cm， 衣长 54cm， 袖长 40.5cm

●编织密度

10cm×10cm面积内：配色花样17.5针，19行

●编织要点

前、后身片 手指挂线起针后，下摆做单罗纹针，接着做配色花样至肩部。按横向渡线编织配色花样的方法编织。肋部的针目做伏针，领窝做伏针减针和立起侧边1针的减针。肩部做引返编织，肩部的针目做休针处理。

衣袖 用和身片相同的方法起针，用相同的方法编织。袖下在1针内侧做加针，编织终点的针目做休针处理。

组合 肩部将前、后身片正面相对做盖针接合。衣领从身片挑针，按单罗纹针环形编织，编织终点做下针织下针、上针织上针的伏针收针。衣袖和身片做针与行的接合，肋部、袖下做挑针缝合。

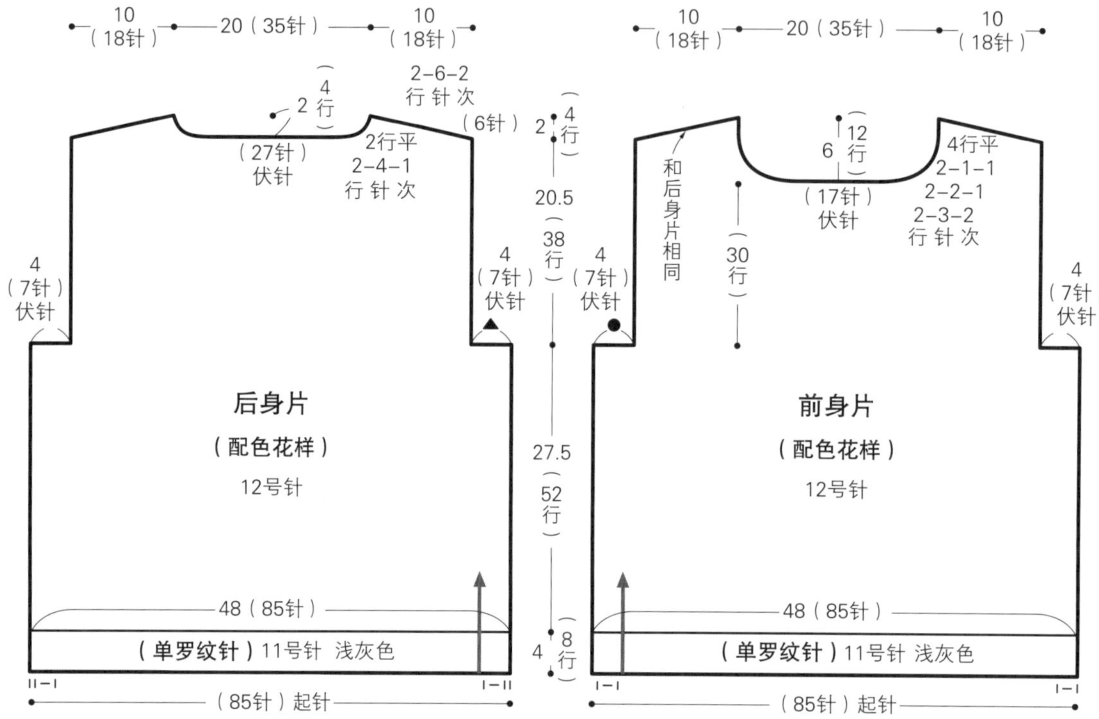

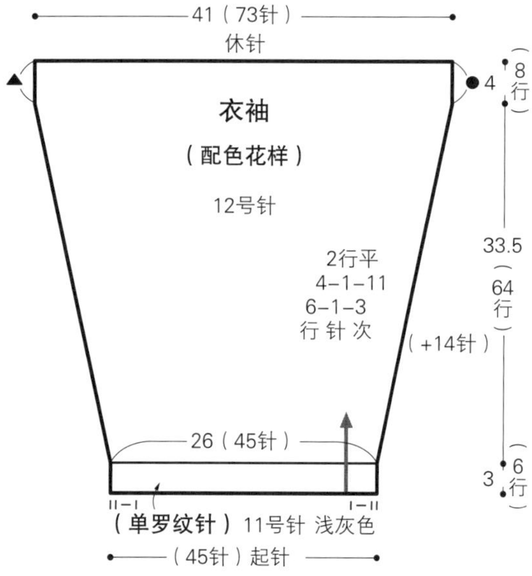

后身片
（配色花样）
12号针
10（18针）
20（35针）
10（18针）
2（4行）
2-6-2
行 针 次
（6针）
（27针）伏针
2行平
2-4-1
行 针 次
4（7针）伏针
48（85针）
（单罗纹针）11号针 浅灰色
（85针）起针

20.5（38行）
27.5（52行）
4（8行）

前身片
（配色花样）
12号针
10（18针）
20（35针）
10（18针）
和后身片相同
6（12行）
（17针）伏针
4行平
2-1-1
2-2-1
2-3-2
行 针 次
30（30行）
4（7针）伏针
48（85针）
（单罗纹针）11号针 浅灰色
（85针）起针

衣袖
（配色花样）
12号针
41（73针）休针
4（8行）
33.5（64行）
2行平
4-1-11
6-1-3
行 针 次
（+14针）
26（45针）
3（6行）
（单罗纹针）11号针 浅灰色
（45针）起针
※对齐标记适用于右袖

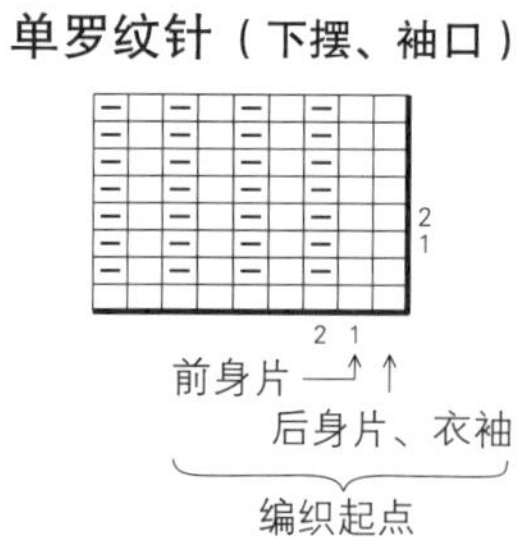

单罗纹针（下摆、袖口）
前身片
后身片、衣袖
编织起点

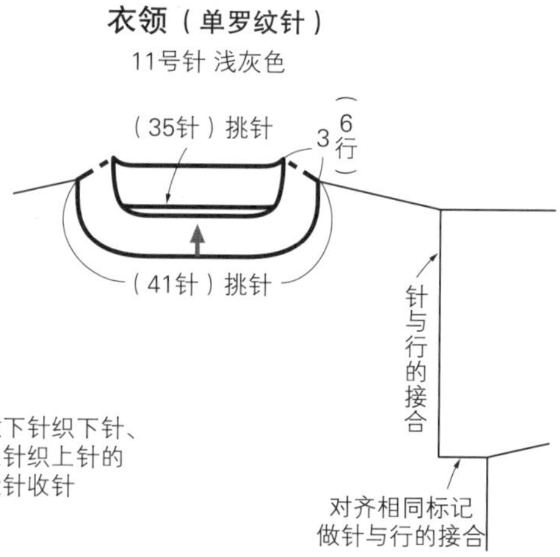

衣领（单罗纹针）
11号针 浅灰色
（35针）挑针
3（6行）
（41针）挑针
针与行的接合
对齐相同标记做针与行的接合

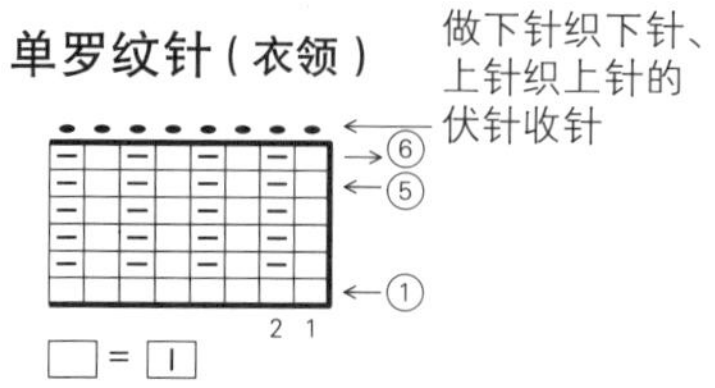

单罗纹针（衣领）
做下针织下针、上针织上针的伏针收针
□ = 丨

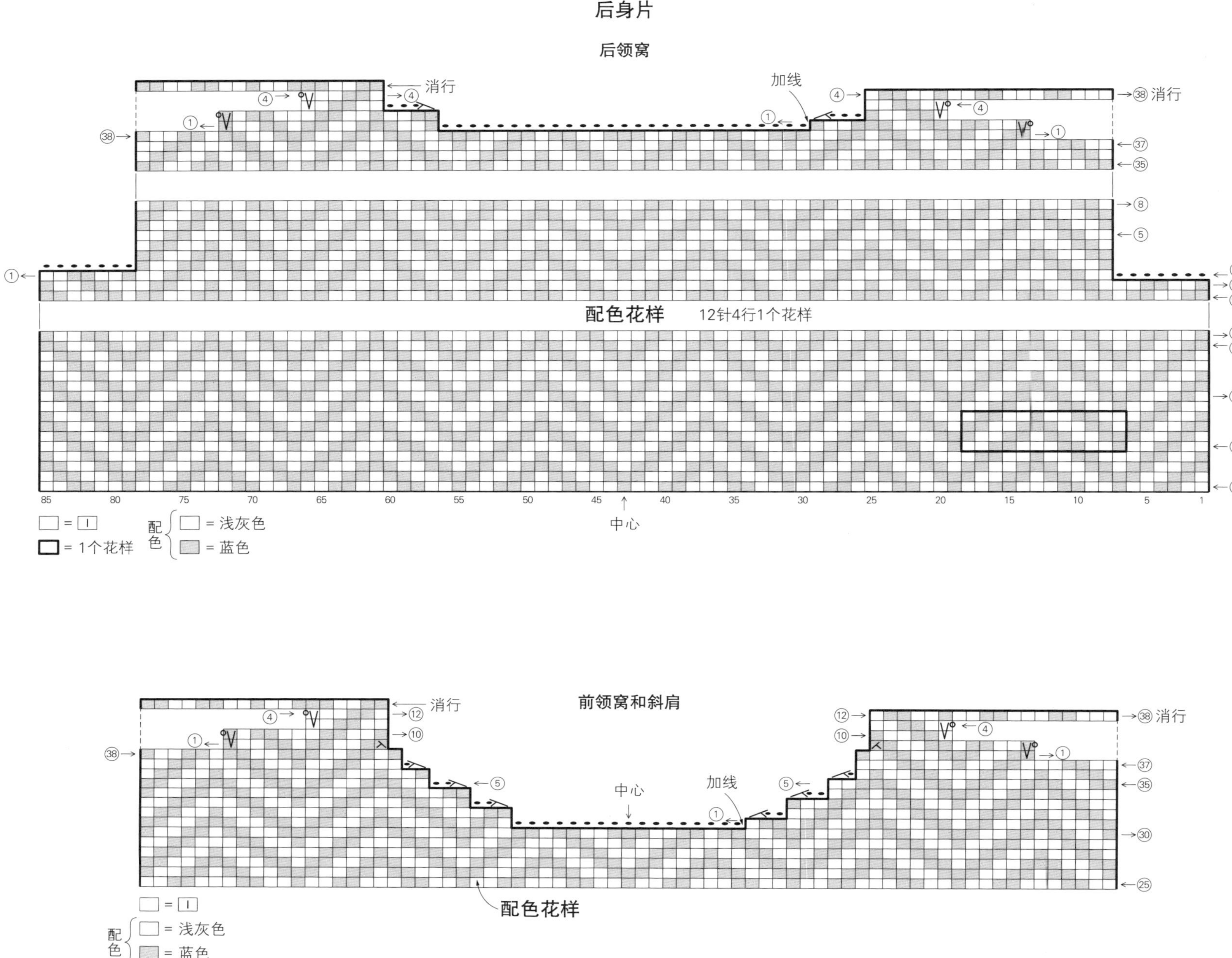
后身片
后领窝
消行
④
④
①
38
加线
④
38 消行
④
①
37
35
8
5
①
①
52
51
配色花样
12针4行1个花样
16
15
10
5
①
85
80
75
70
65
60
55
50
45
40
35
30
25
20
15
10
5
1
中心
= I
= 1个花样
配色
= 浅灰色
= 蓝色
前领窝和斜肩
消行
④
12
①
10
38
5
中心
加线
①
5
12
10
38 消行
④
①
37
35
30
25
配色花样
= I
配色
= 浅灰色
= 蓝色

衣袖

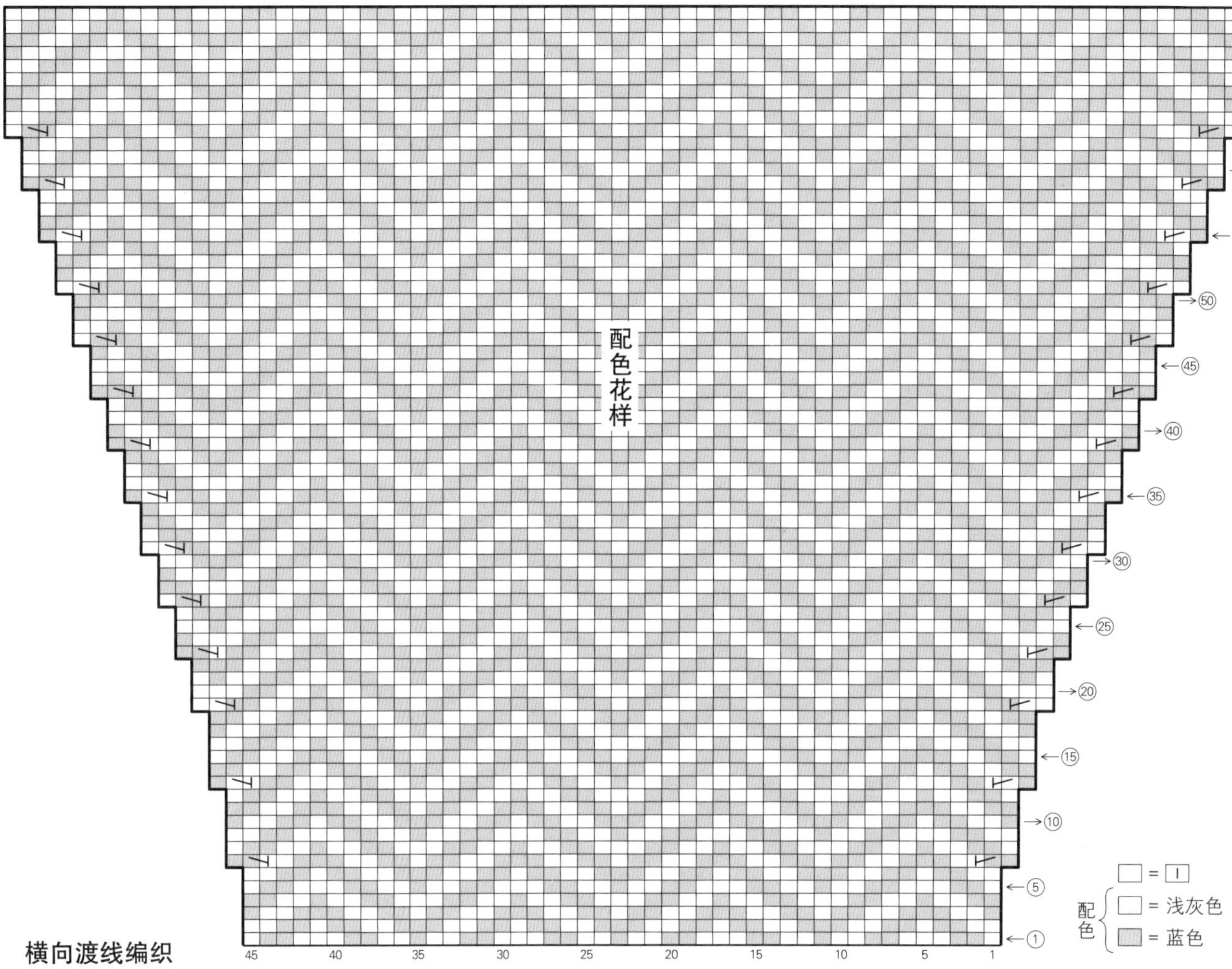

配色花样
8
5
1
64
60
55
50
45
40
35
30
25
20
15
10
5
1
45
40
35
30
25
20
15
10
5
1
= I
配色
= 浅灰色
= 蓝色

横向渡线编织配色花样的方法

15
10
5
1

第 3 行
底色线
配色线

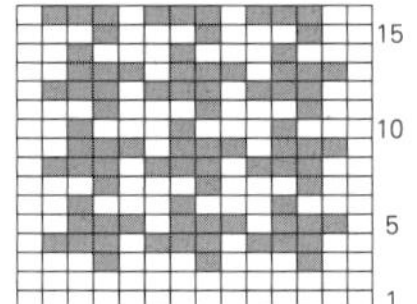

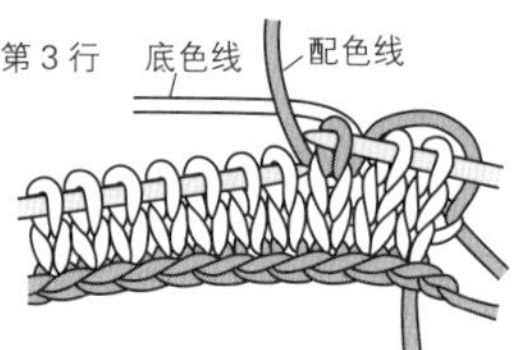

1 夹住配色线后开始编织，用底色线编织2针，用配色线编织1针。

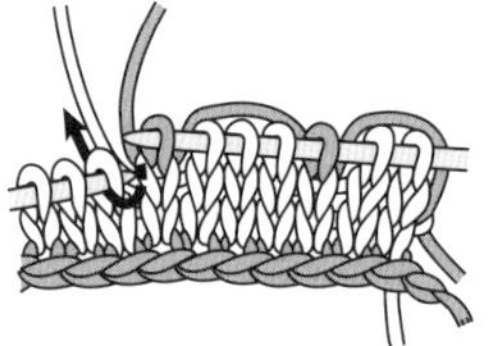

2 配色线在上、底色线在下，渡线，重复"用底色线编织3针，用配色线编织1针"。

第 4 行
底色线

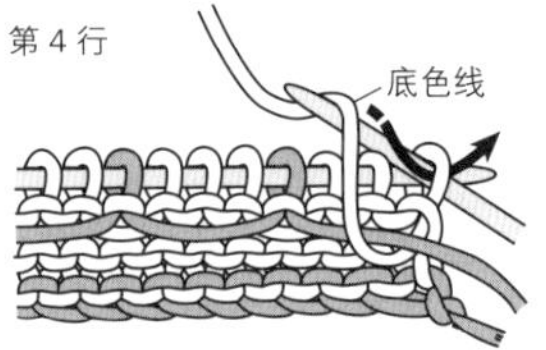

3 第4行的编织起点，夹住配色线，用底色线编织第1针。

底色线

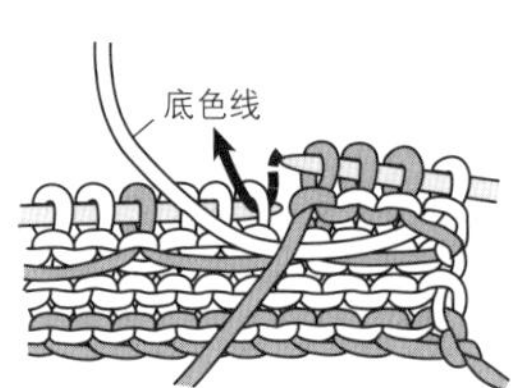

4 编织上针侧时，配色线在上、底色线在下，渡线编织。

第 5 行
底色线

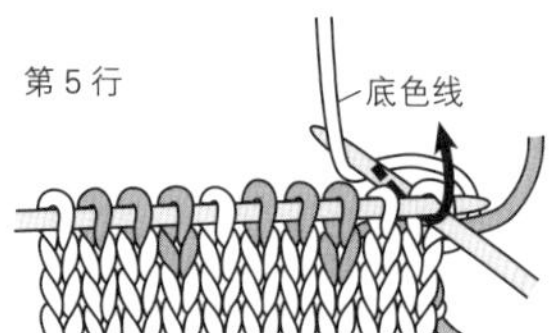

5 每行编织起点都将暂停编织的线夹在中间开始编织。

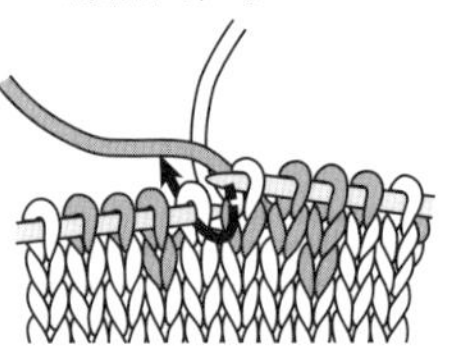

6 按符号图重复"用配色线编织3针，用底色线编织1针"。

第 6 行

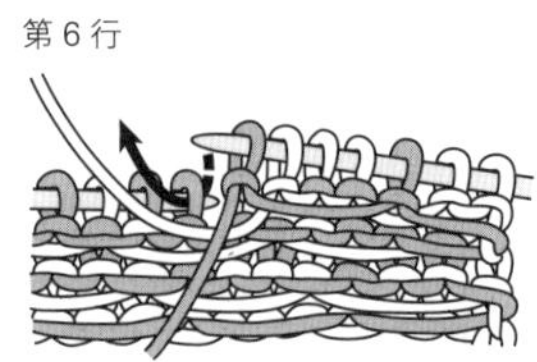

7 重复"用配色线编织1针，用底色线编织3针"。此行结束为1个花样。

第 11 行的编织起点

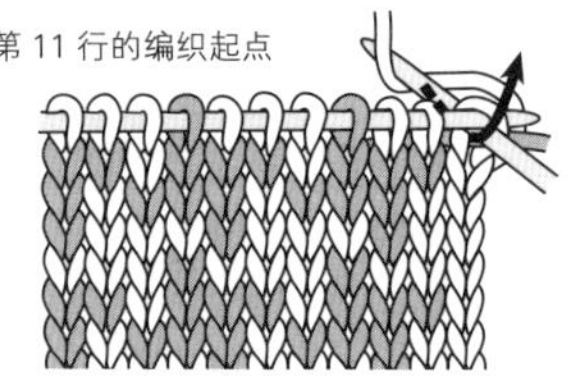

8 接着编织4行。2个千鸟格花样完成后的状态。

G | 10页

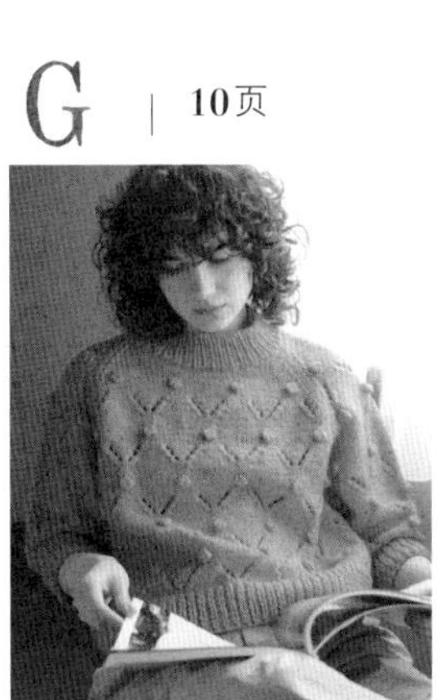

●**材料**

Mini Sport(极粗)珊瑚粉色(708)490g/10团

●**工具**

棒针10号

●**成品尺寸**

胸围106cm，衣长52cm，连肩袖长61cm

●**编织密度**

10cm×10cm面积内：编织花样16针，21行

●**编织要点**

前、后身片　手指挂线起针后，下摆做单罗纹针，接着做编织花样。胁部的6针做伏针，插肩线参照图示减针。前领窝做伏针减针和立起侧边1针的减针，编织终点的针目做伏针收针。

衣袖　右袖用和身片相同的方法起针，做单罗纹针，接着做编织花样。袖下在1针内侧做扭针加针，插肩线参照图示减针。对称编织左袖。

组合　胁部、袖下、插肩线做挑针缝合，胁部的6针做下针无缝缝合。衣领按单罗纹针环形编织，编织终点的针目做单罗纹针收针。

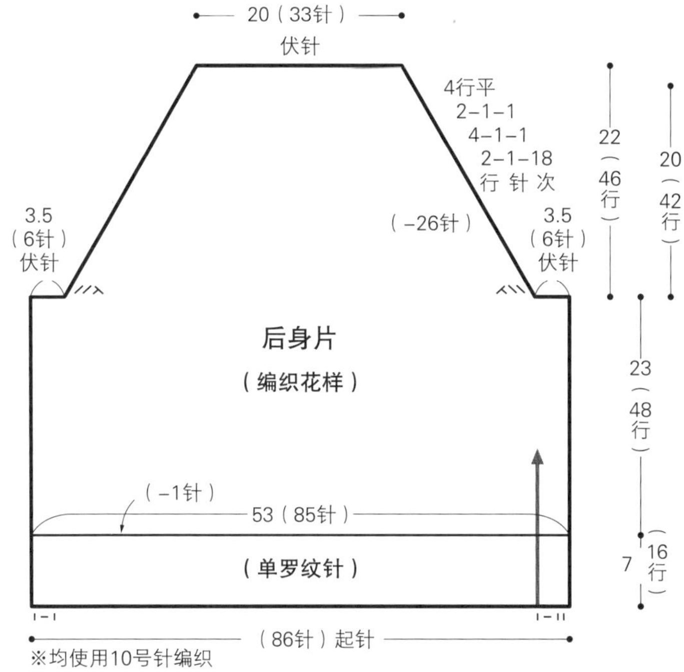

20（33针）
伏针
4行平
2-1-1
4-1-1
2-1-18
行 针 次
3.5（6针）伏针
（-26针）
3.5（6针）伏针
22（46行）
20（42行）
23（48行）
后身片
（编织花样）
（-1针）
53（85针）
（单罗纹针）
7（16行）
（86针）起针

※均使用10号针编织

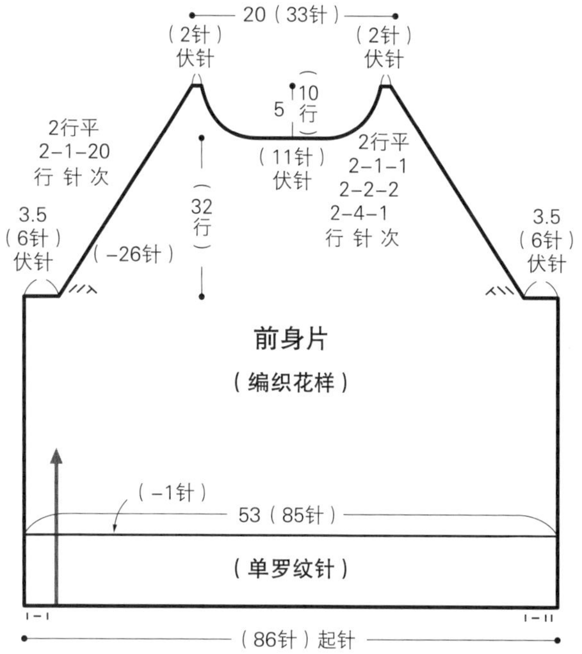

20（33针）
（2针）伏针
（2针）伏针
5（10行）
2行平
2-1-20
行 针 次
（11针）伏针
2行平
2-1-1
2-2-2
2-4-1
行 针 次
32行
3.5（6针）伏针
（-26针）
3.5（6针）伏针
前身片
（编织花样）
（-1针）
53（85针）
（单罗纹针）
（86针）起针

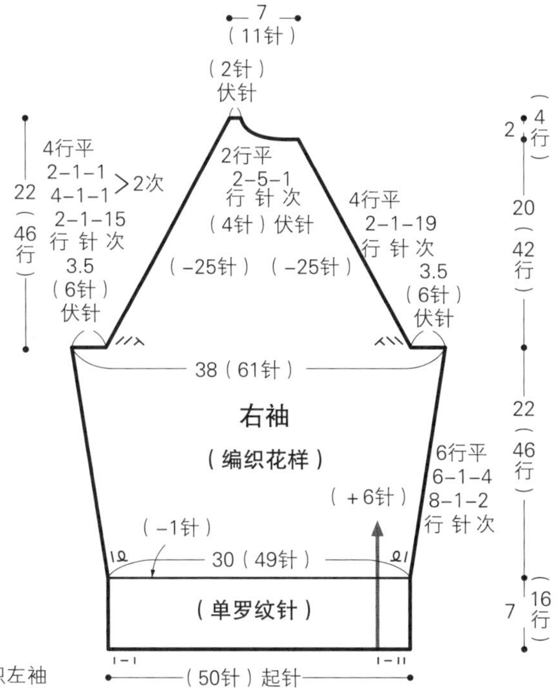

7（11针）
（2针）伏针
2（4行）
4行平
2-1-1
4-1-1
>2次
2-1-15
行 针 次
22（46行）
2行平
2-5-1
行 针 次
（4针）伏针
4行平
2-1-19
行 针 次
20（42行）
3.5（6针）伏针
（-25针）
（-25针）
3.5（6针）伏针
38（61针）
右袖
（编织花样）
22（46行）
6行平
6-1-4
8-1-2
行 针 次
（+6针）
（-1针）
30（49针）
（单罗纹针）
7（16行）
（50针）起针

※对称编织左袖

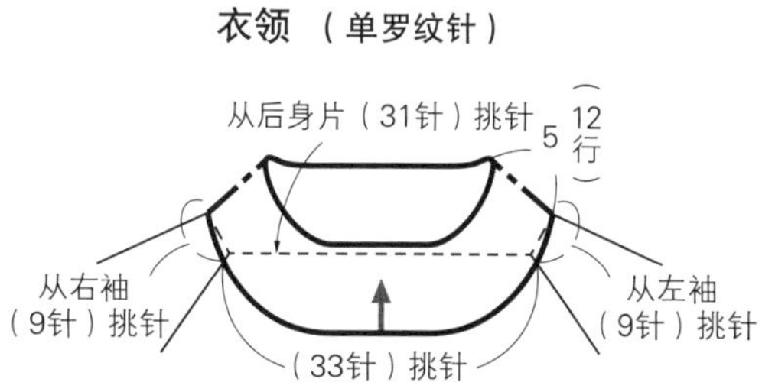

衣领（单罗纹针）
从后身片（31针）挑针
5（12行）
从右袖（9针）挑针
从左袖（9针）挑针
（33针）挑针

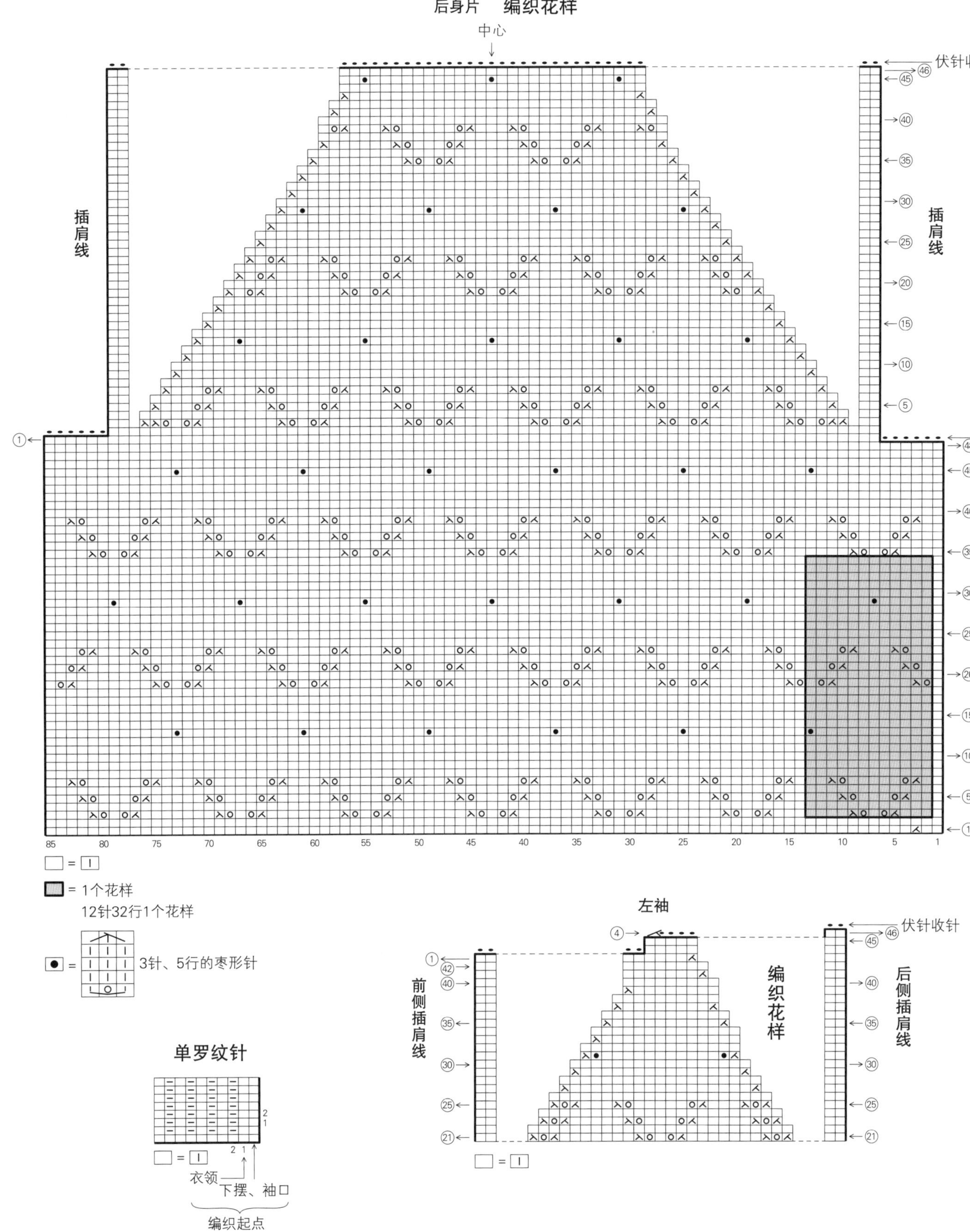

后身片 编织花样
中心
伏针收针
插肩线
插肩线
= 1个花样
12针32行1个花样
3针、5行的枣形针
单罗纹针
衣领
下摆、袖口
编织起点
左袖
伏针收针
前侧插肩线
编织花样
后侧插肩线

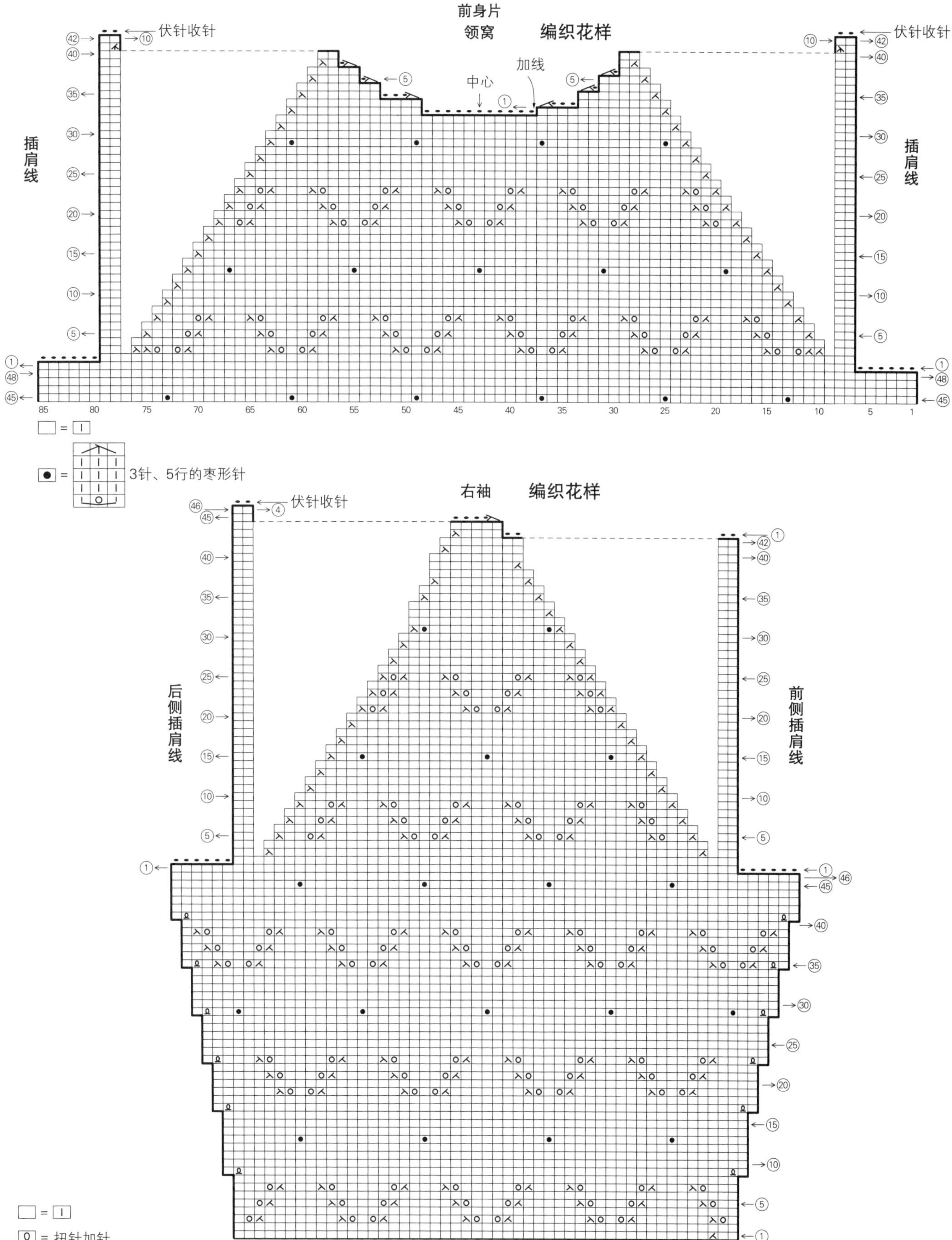
前身片
领窝
编织花样
伏针收针
插肩线
中心
加线
= |
= 3针、5行的枣形针
右袖
编织花样
后侧插肩线
前侧插肩线
= 扭针加针

H | 11页

●**材料**

Mini Sport（极粗）

a灰米色（704）100g/2团，黑色（432）、珊瑚粉色（708）、炭灰色（620）各50g/各1团

b白色（430）100g/2团，藏青色（429）、蓝绿色（710）、灰色（660）各50g/各1团

●**工具**

钩针7/0号

●**成品尺寸**

宽24cm，深17.5cm

●**编织密度**

花片的大小参照图示

编织花样11针5cm，10行10cm（提手）

●**编织要点**

主体做连接花片。锁针起针，连成环形，用指定的配色编织。从第2片花片开始，一边钩织一边在最后一行和相邻花片做连接。提手从提手挑针位置挑针，做编织花样。提手编织起点和编织终点的各3行，在提手连接位置与主体连接。提手的编织终点在提手缝合位置与主体缝合。

主体

（连接花片）

包口
3.5
7
6
提手连接位置
提手挑针位置
提手缝合位置
1 A
2 B
3 C
4 D
5 E
6 F
7 G
8 H
9 I
10 J
11 K
12 I
13 G
14 C
15 A
16 J
17 C
18 L
19 E
20 F
21 L
22 B
23 D
24 K
25 H
38.5（7片）
30（5片）

※均使用7/0号针钩织

※花片内的数字表示连接的顺序

※按虚线指向做连接

提手

（编织花样）

a 灰米色
b 白色

（13针）
3（3行）
38（38行）
5（11针）
3（3行）
（13针）挑针

※编织起点和编织终点的各3行分别和主体花片连接

（参照图示）

花片

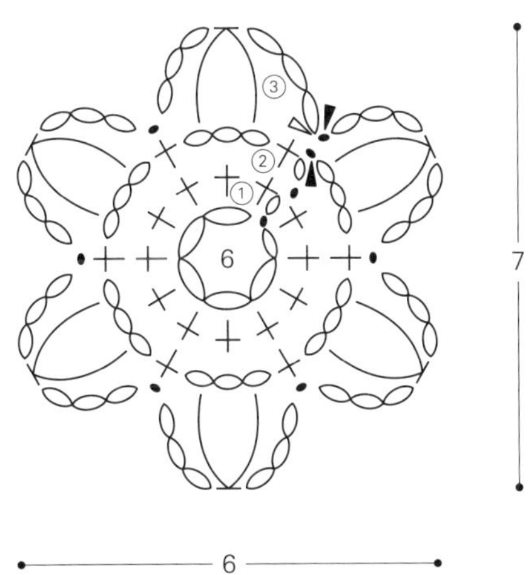

组合方法

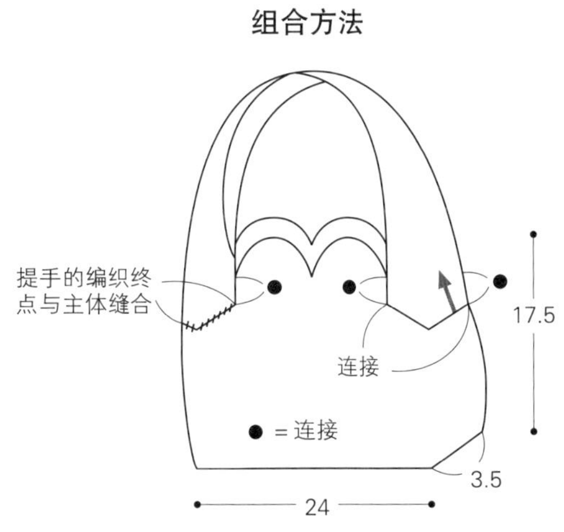

= 12针中长针的枣形针

※编织时注意不要将线拉得过紧

▷ = 加线

▶ = 剪线

花片的数量和配色

		a		b	
		第1、2行	第3行	第1、2行	第3行
A	2片	珊瑚粉色	黑色	蓝绿色	藏青色
B	2片	炭灰色	珊瑚粉色	灰色	蓝绿色
C	3片	珊瑚粉色	灰米色	蓝绿色	白色
D	2片	黑色	炭灰色	藏青色	灰色
E	2片	黑色	灰米色	藏青色	白色
F	2片	灰米色	珊瑚粉色	白色	蓝绿色
G	2片	灰米色	炭灰色	白色	灰色
H	2片	灰米色	黑色	白色	藏青色
I	2片	黑色	珊瑚粉色	藏青色	蓝绿色
J	2片	珊瑚粉色	炭灰色	蓝绿色	灰色
K	2片	炭灰色	灰米色	灰色	白色
L	2片	炭灰色	黑色	灰色	藏青色

花片和提手的连接方法

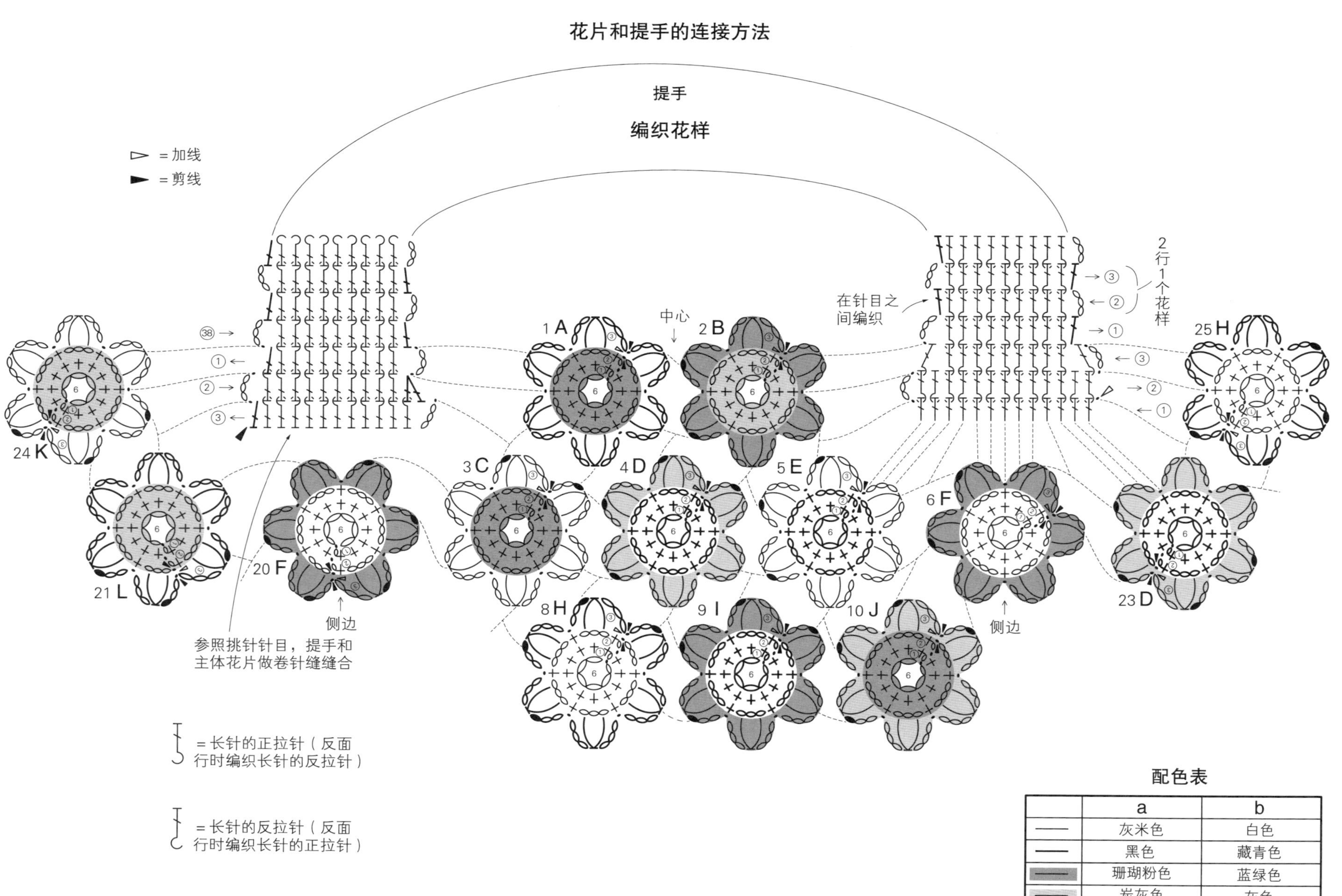

配色表

	a	b
—	灰米色	白色
—	黑色	藏青色
—	珊瑚粉色	蓝绿色
—	炭灰色	灰色

I ｜12、13页

●材料

Roulette(粗)淡米色、粉色、蓝色、绿色段染(151)380g/4团

●工具

棒针7号

●成品尺寸

胸围98cm，衣长56cm，连肩袖长72cm

●编织密度

10cm×10cm面积内：编织花样、下针编织20针，29行

●编织要点

前、后身片 手指挂线起针后，做编织花样、下针编织至肩部。在接袖止位用线头做标记，领窝做休针、伏针减针和立起侧边1针的减针。肩部做引返编织，肩部的针目做休针处理。

衣袖 肩部将前、后身片正面相对做盖针接合。衣袖从前、后袖窿挑针，做编织花样。袖下在侧边第2针和第3针做2针并1针的减针，编织终点的针目做伏针收针。

组合 衣领从身片挑针，按下针编织环形编织。编织终点的针目做伏针收针。胁部、袖下做挑针缝合。

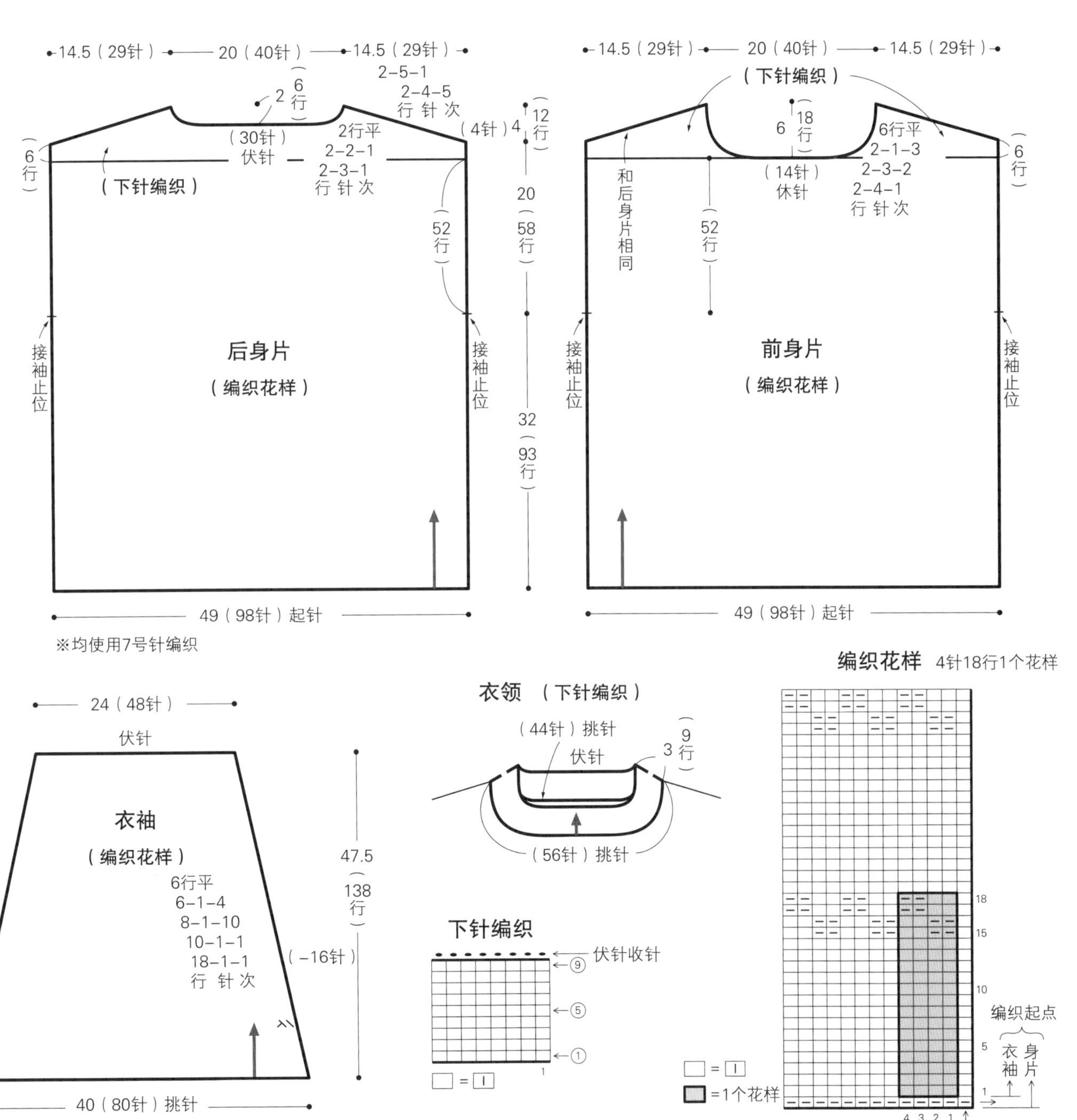

J　14页

●**材料**

L' INCANTO no.9(极粗)驼色(902)595 g /12团

●**工具**

棒针 11号

●**成品尺寸**

胸围 104cm，衣长 56cm，连肩袖长 64cm

●**编织密度**

10cm×10cm面积内：上针编织 17针，22行；编织花样 B20针，22行

编织花样 A18针 7cm，22行 10cm

●**编织要点**

前、后身片　手指挂线起针后，下摆做双罗纹针，接着做上针编织和编织花样 A、B。在接袖止位用线头做标记，领窝做休针、伏针减针和立起侧边 1 针的减针。肩部的针目做休针处理。

衣袖　用和身片相同的方法起针，做双罗纹针、上针编织和编织花样 A。袖下在 1针内侧做扭针加针，编织终点的针目做伏针收针。

组合　肩部将前、后身片正面相对做盖针接合。衣领按双罗纹针环形编织，编织终点的针目做下针织下针、上针织上针的伏针收针。衣袖和身片做针与行的接合。胁部、袖下做挑针缝合。

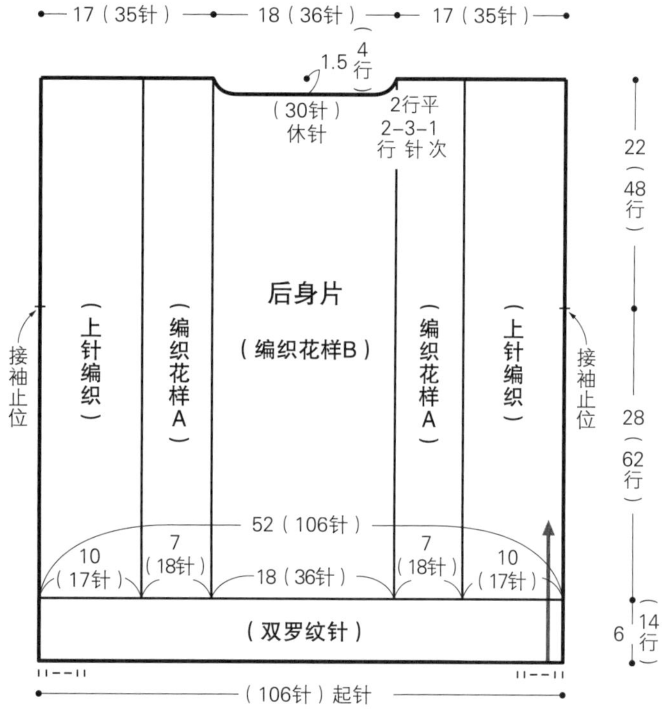

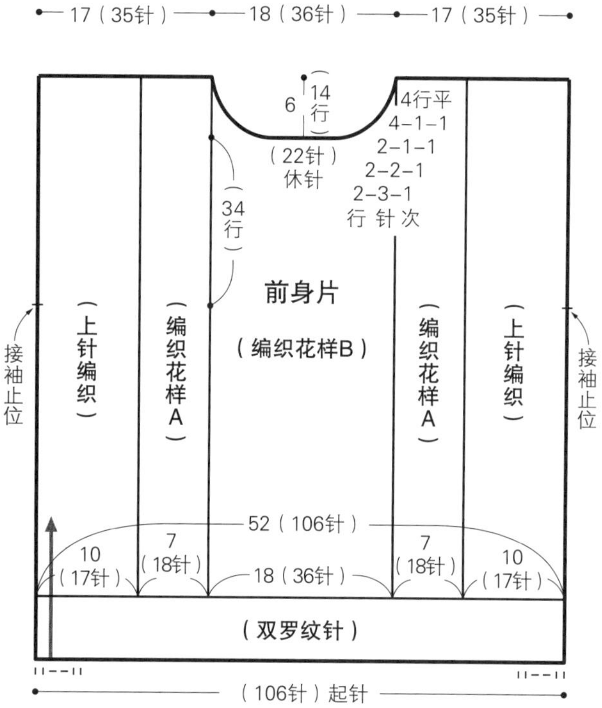

17（35针）　18（36针）　17（35针）

1.5　4行

（30针）休针

2行平
2-3-1
行 针 次

后身片

（编织花样B）

（上针编织）　（编织花样A）　（编织花样A）　（上针编织）

接袖止位

22（48行）

28（62行）

6（14行）

52（106针）

10（17针）　7（18针）　18（36针）　7（18针）　10（17针）

（双罗纹针）

（106针）起针

※均使用11号针编织

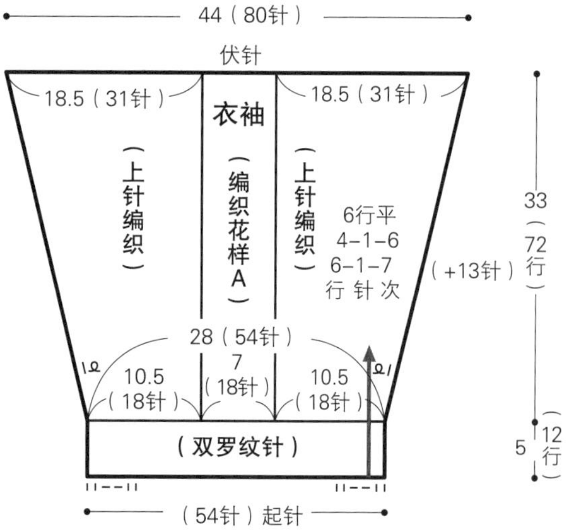

17（35针）　18（36针）　17（35针）

6　14行

（22针）休针

4行平
4-1-1
2-1-1
2-2-1
2-3-1
行 针 次

34行

前身片

（编织花样B）

（上针编织）　（编织花样A）　（编织花样A）　（上针编织）

接袖止位

52（106针）

10（17针）　7（18针）　18（36针）　7（18针）　10（17针）

（双罗纹针）

（106针）起针

44（80针）

伏针

18.5（31针）　18.5（31针）

衣袖

（上针编织）　（编织花样A）　（上针编织）

6行平
4-1-6
6-1-7
行 针 次

（+13针）

33（72行）

28（54针）

10.5（18针）　7（18针）　10.5（18针）

（双罗纹针）

5（12行）

（54针）起针

双罗纹针（衣领）

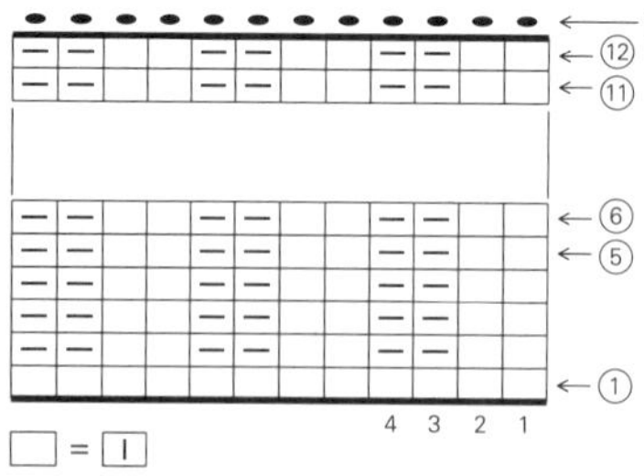

做下针织下针、上针织上针的伏针收针

□ = |

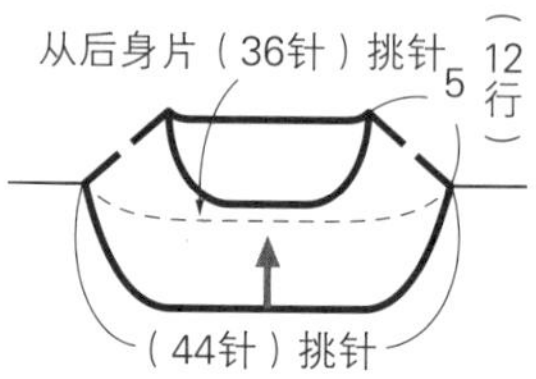

双罗纹针（下摆、袖口）

□ = |

衣领（双罗纹针）

从后身片（36针）挑针

5（12行）

（44针）挑针

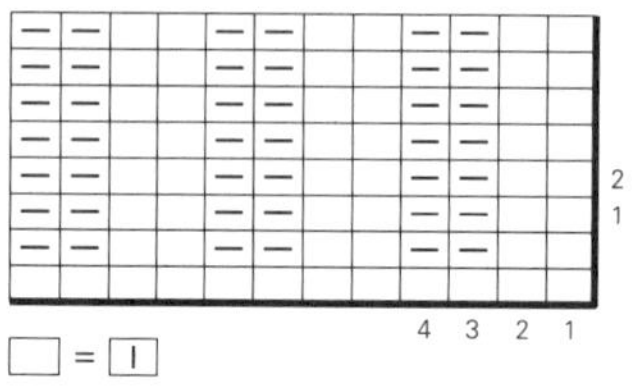

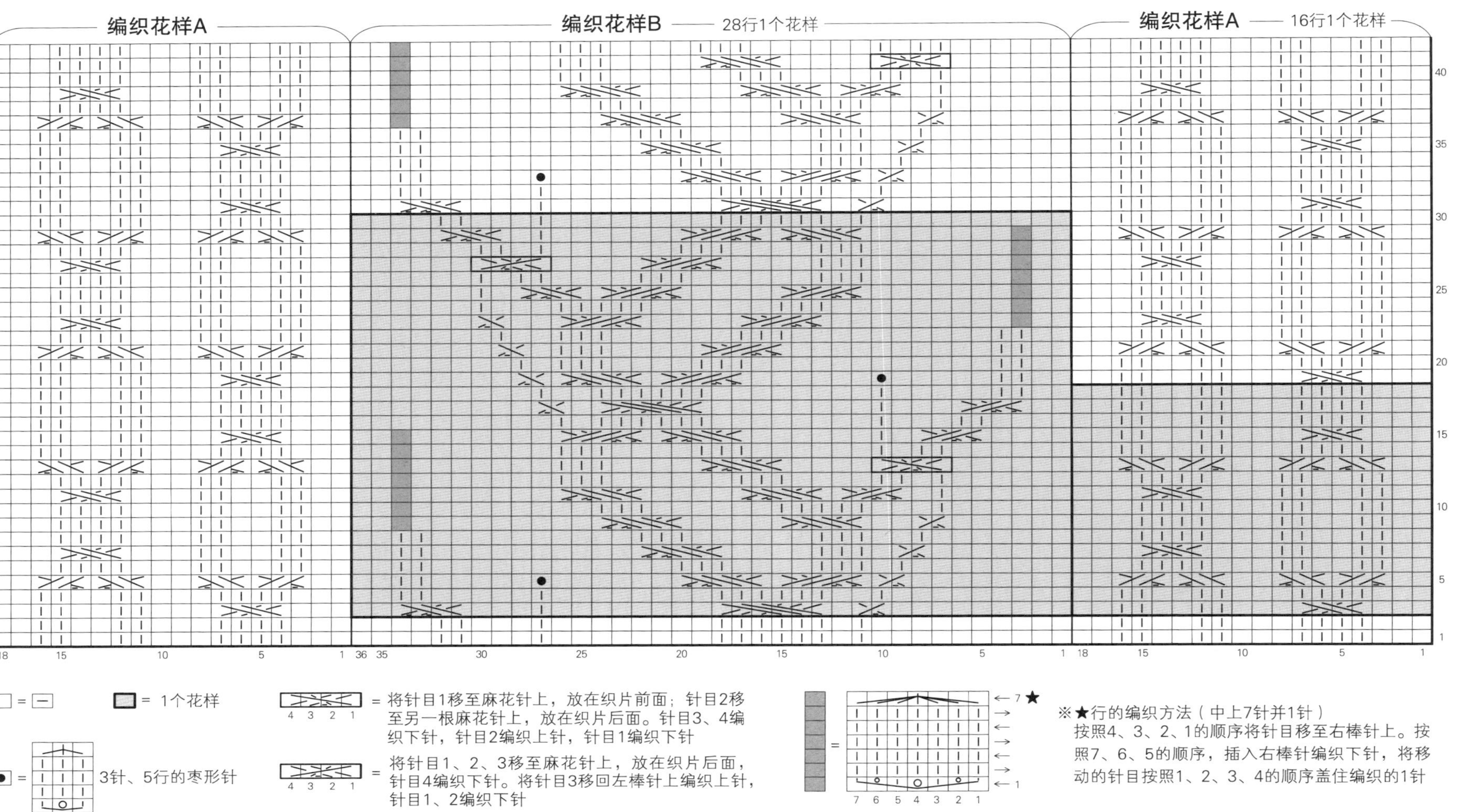

□ = ⊟　　▩ = 1个花样

● = 3针、5行的枣形针

4 3 2 1 = 将针目1移至麻花针上，放在织片前面；针目2移至另一根麻花针上，放在织片后面。针目3、4编织下针，针目2编织上针，针目1编织下针

4 3 2 1 = 将针目1、2、3移至麻花针上，放在织片后面，针目4编织下针。将针目3移回左棒针上编织上针，针目1、2编织下针

※★行的编织方法（中上7针并1针）
按照4、3、2、1的顺序将针目移至右棒针上。按照7、6、5的顺序，插入右棒针编织下针，将移动的针目按照1、2、3、4的顺序盖住编织的1针

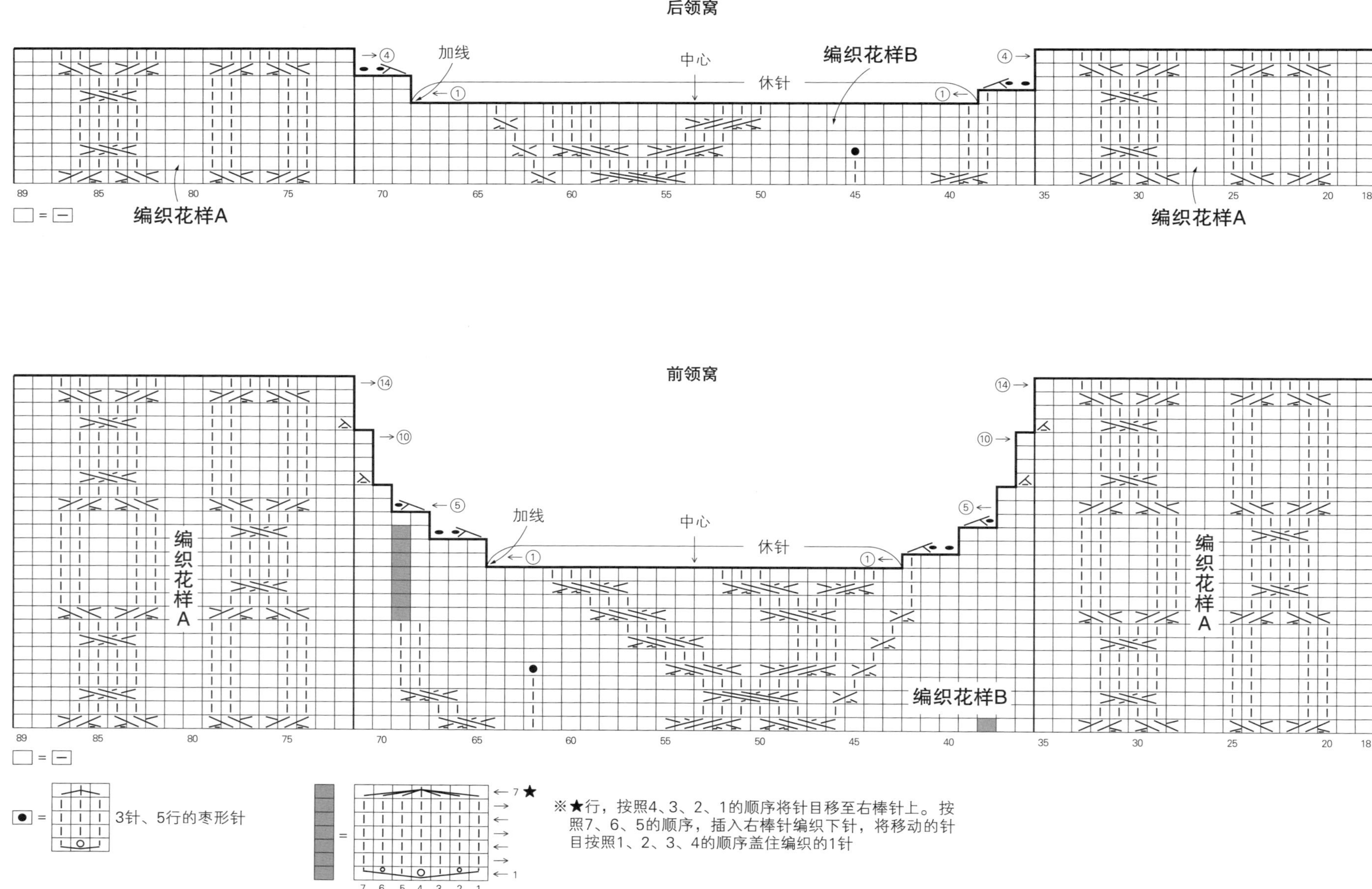
后领窝
加线
中心
编织花样B
休针
编织花样A
编织花样A
前领窝
加线
中心
休针
编织花样A
编织花样A
编织花样B
3针、5行的枣形针
※★行，按照4、3、2、1的顺序将针目移至右棒针上。按照7、6、5的顺序，插入右棒针编织下针，将移动的针目按照1、2、3、4的顺序盖住编织的1针

M | 18页

●材料

Tweet(极粗)薄荷绿色系混合(1804)190 g/5团

●工具

棒针15号

●成品尺寸

胸围114cm，衣长54cm，连肩袖长62.5cm

●编织密度

10cm×10cm面积内：下针编织10针，14行

●编织要点

后身片 手指挂线起针后，下摆做双罗纹针，接着做下针编织至肩部。在接袖止位用线头做标记，肩部、领窝的针目做休针处理。

前身片 用和后身片相同的方法起针，做双罗纹针和下针编织。肩部的针目做休针处理，在接袖止位用线头做标记，接着编织后衣领，在与肩部相接处加1针。

衣袖 肩部将前、后身片正面相对做盖针接合。衣袖从前、后袖窿挑针，做下针编织和双罗纹针。袖下在侧边第2针和第3针做减针，编织终点做下针织下针、上针织上针的伏针收针。

组合 胁部、袖下做挑针缝合。左、右后衣领的编织终点对齐相同标记做下针无缝缝合，再和后领窝做针与行的接合。

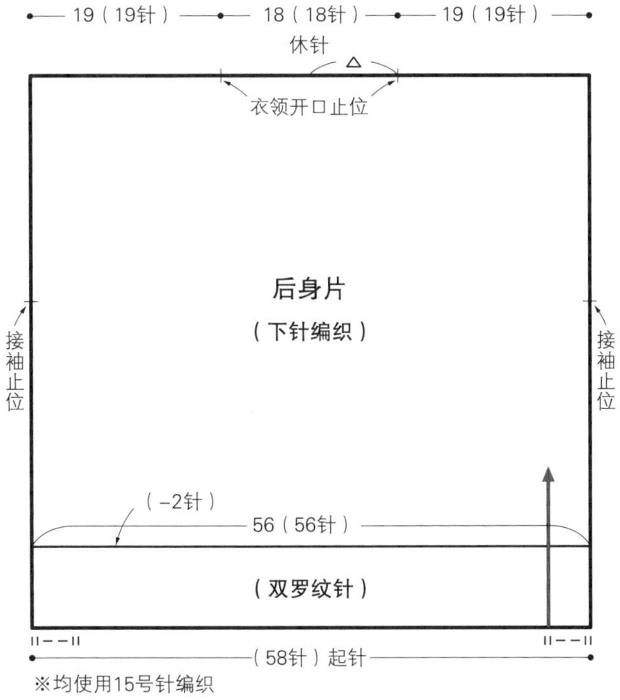

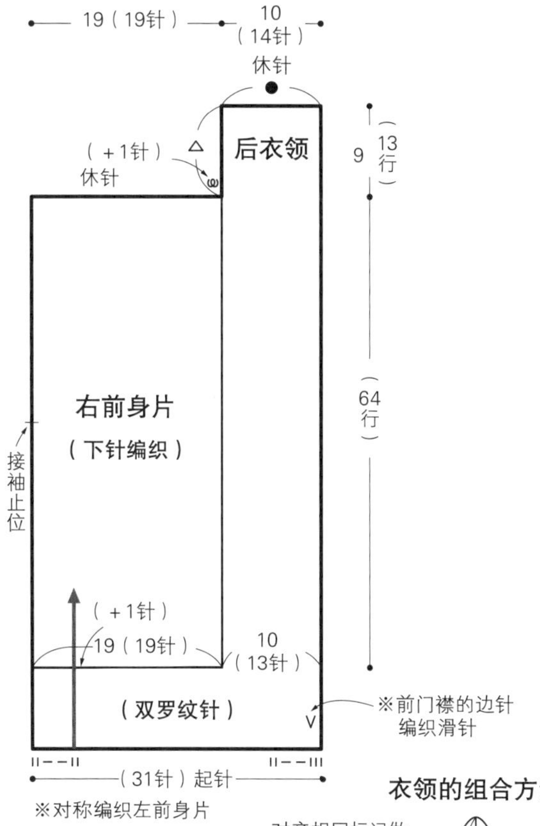

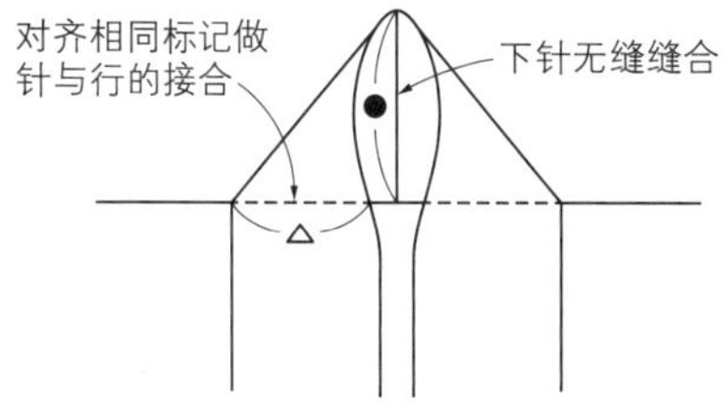

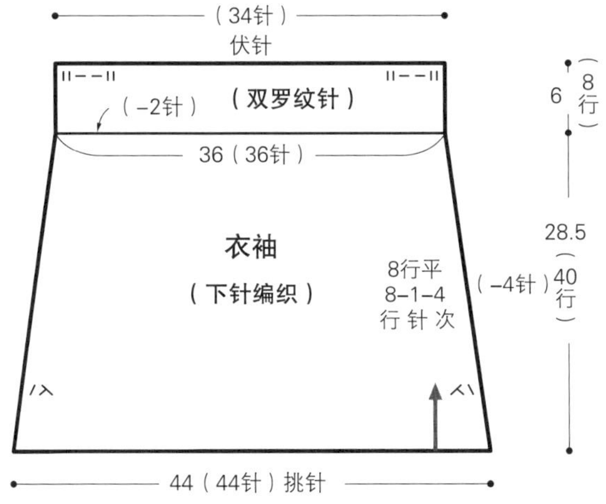

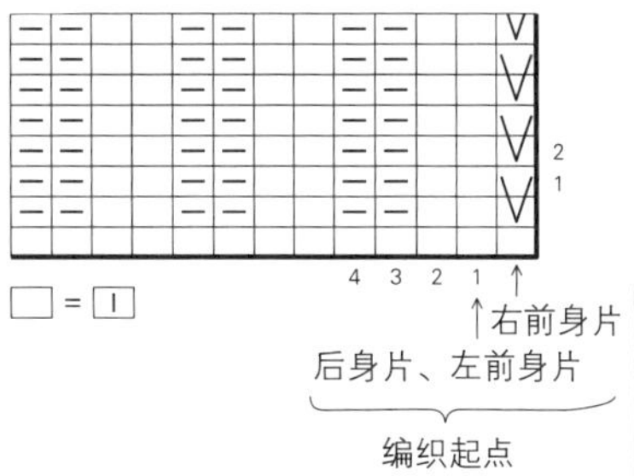

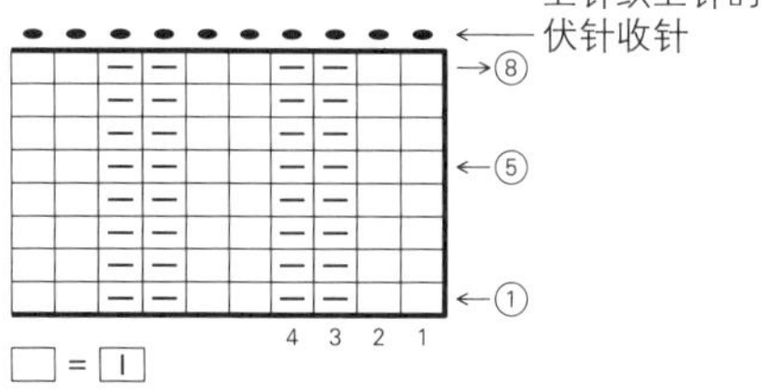

K | 15页

●材料

Tormenta（中细）
a黑色（608）40g/1团
b象牙白色（601）40g/1团

●工具

棒针5号

●成品尺寸

手掌围20cm，长26cm

●编织密度

10cm×10cm面积内：单罗纹针22针，30行

●编织要点

手指挂线起针后，按单罗纹针环形编织。在拇指位置休针，做卷针起针。食指指孔做伏针，下一行做卷针起针。指尖参照图示减针，剩余的针目做下针无缝缝合。拇指从休针针目和起针针目挑针，按单罗纹针环形编织。最后一行的针目穿线收紧。

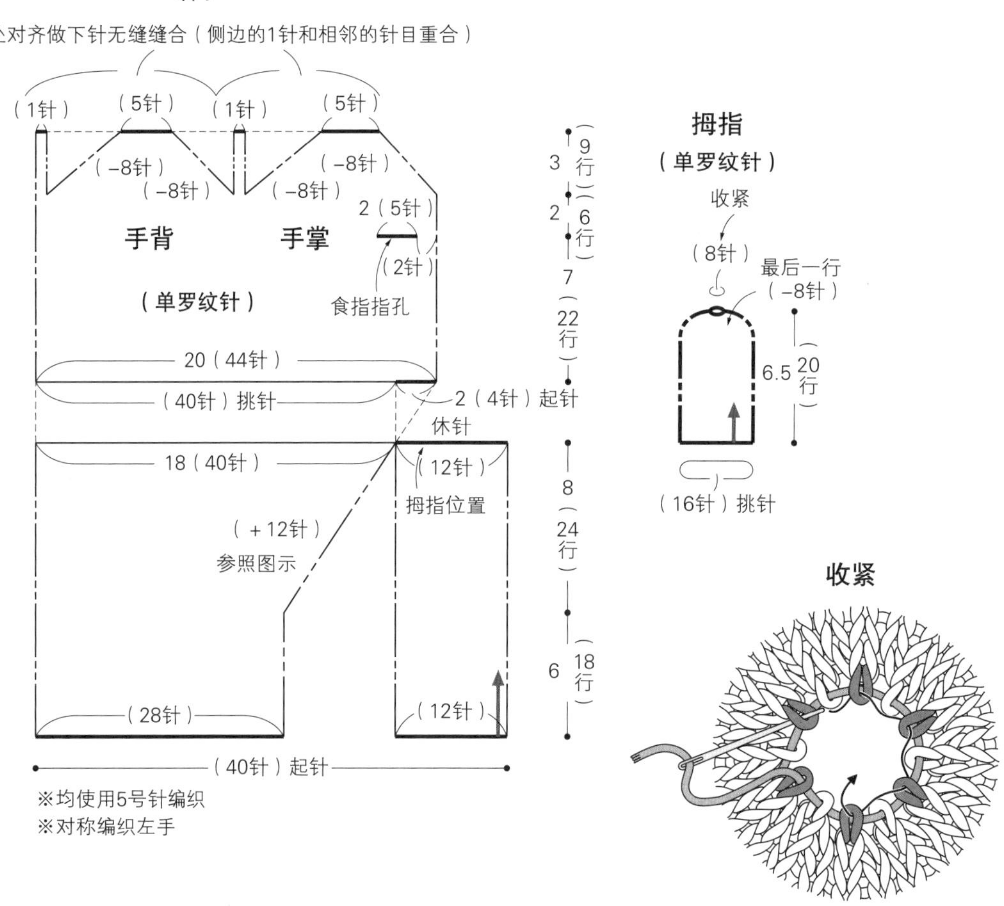

※均使用5号针编织
※对称编织左手

跳过1针穿线，穿2次后收紧

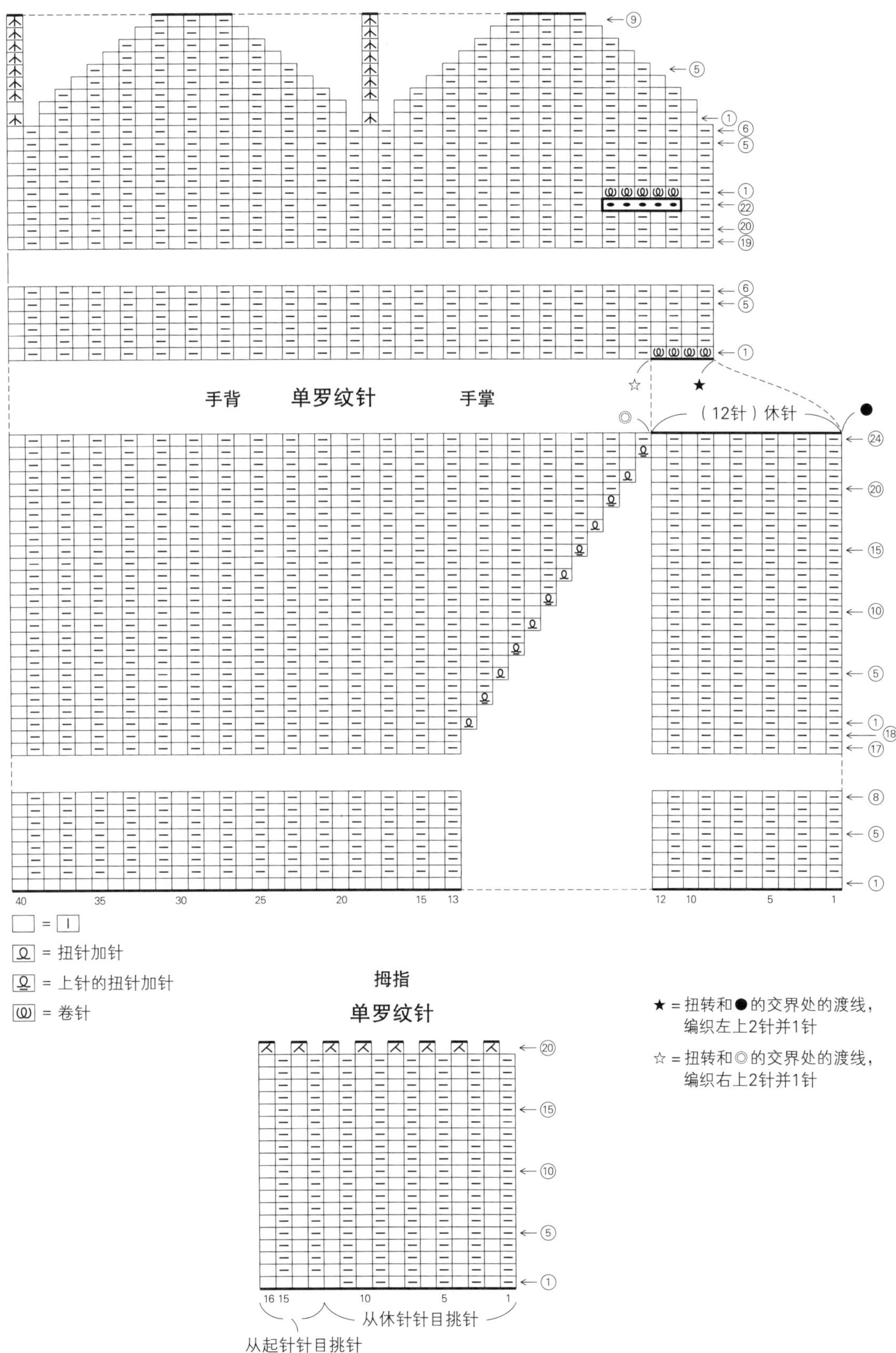
手掌和手背
手背
单罗纹针
手掌
（12针）休针
= 扭针加针
= 上针的扭针加针
= 卷针
拇指
单罗纹针
从休针针目挑针
从起针针目挑针
★ = 扭转和●的交界处的渡线，编织左上2针并1针
☆ = 扭转和◎的交界处的渡线，编织右上2针并1针

L ｜16、17页

●材料

L' INCANTO no.5(粗)灰色(503)215g/6团，象牙白色(501)215g/6团

●工具

钩针 7/0号

●成品尺寸

胸围 114cm，衣长 47cm，连肩袖长 59cm

●编织密度

六边形花片边长 42cm

10cm×10cm面积内：条纹花样 17.5针，10行

●编织要点

前、后身片 编织2片花片。锁针起针，连成环形，参照图示一边加针一边做条纹花样。后中片接着花片编织，每一行看着正面编织。2片后中片做卷针缝缝合。

袖口 肩部做卷针缝缝合，袖口按条纹花样环形编织。

组合 下摆、前门襟、衣领按条纹花样环形编织。

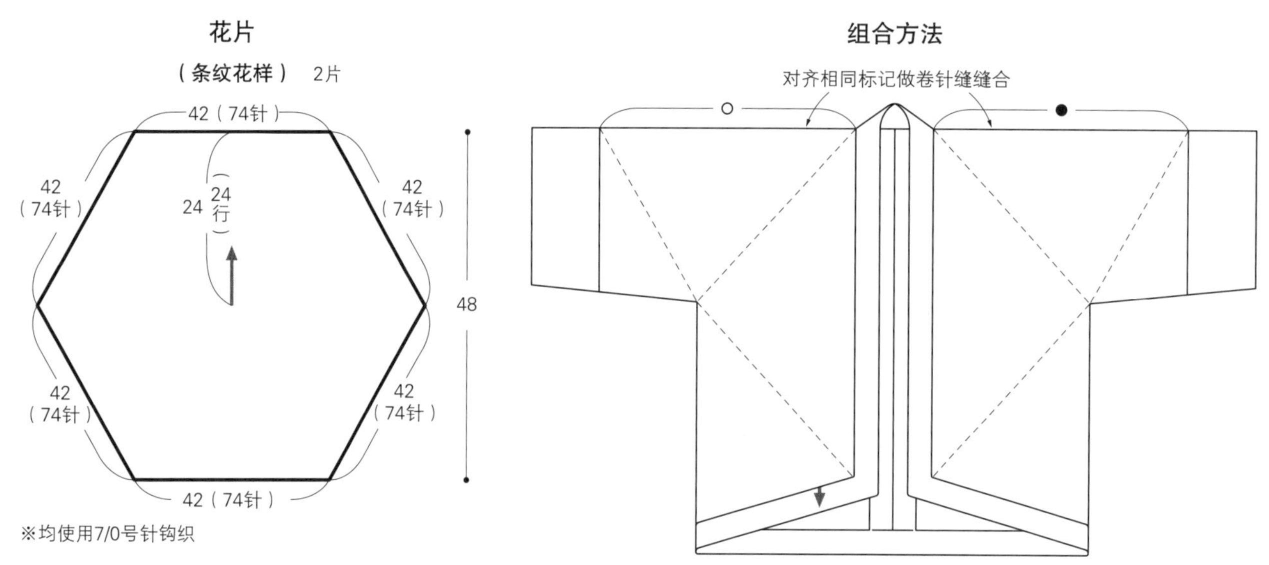

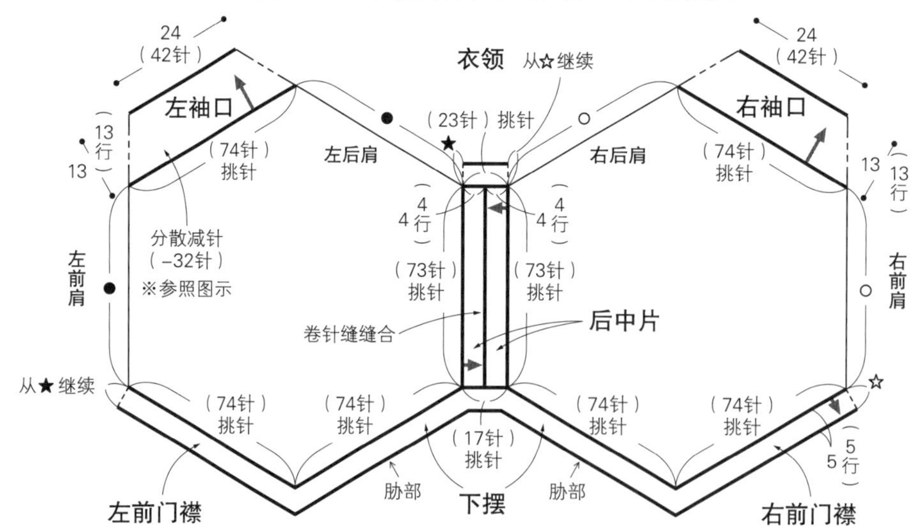

花片

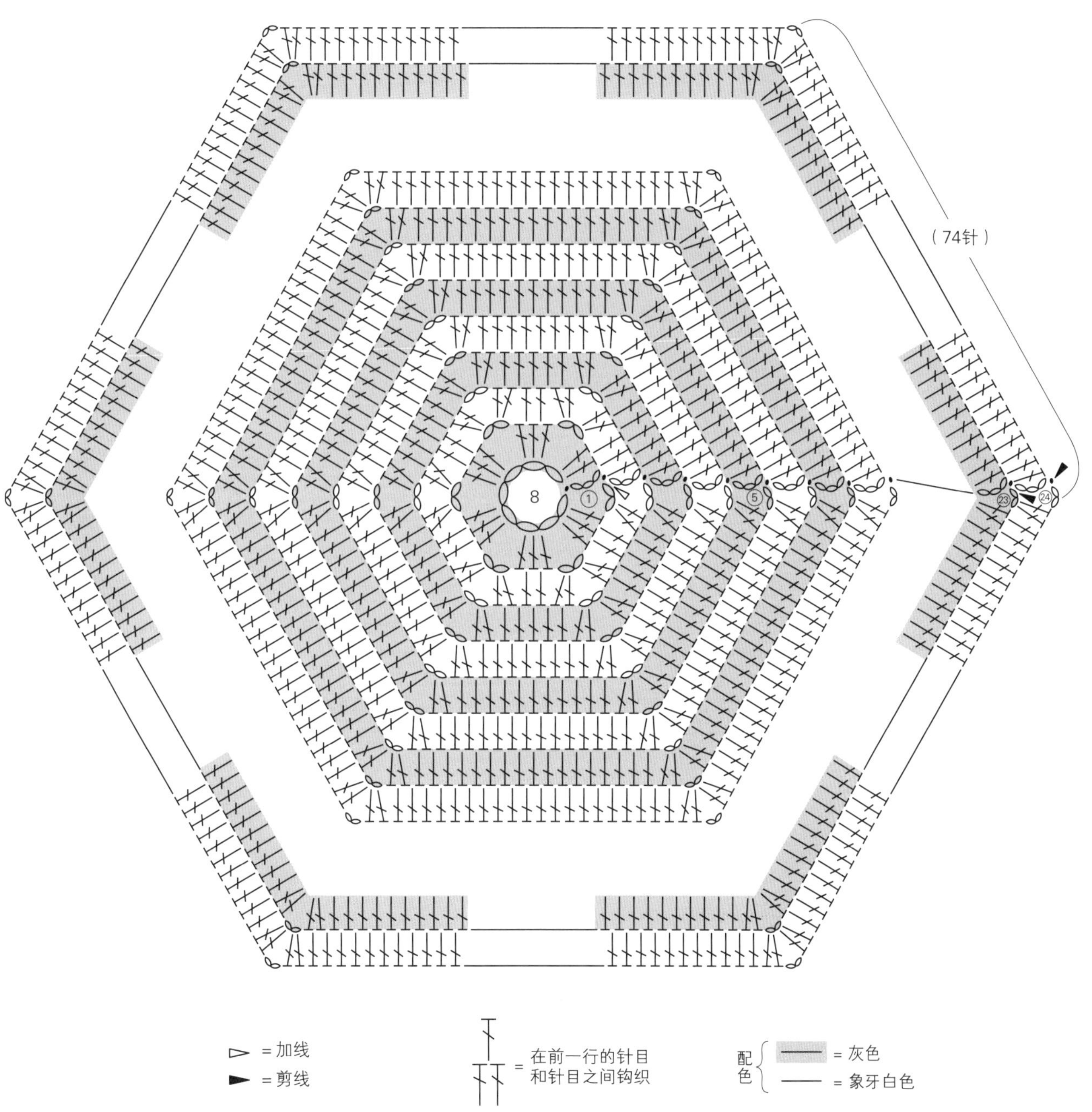

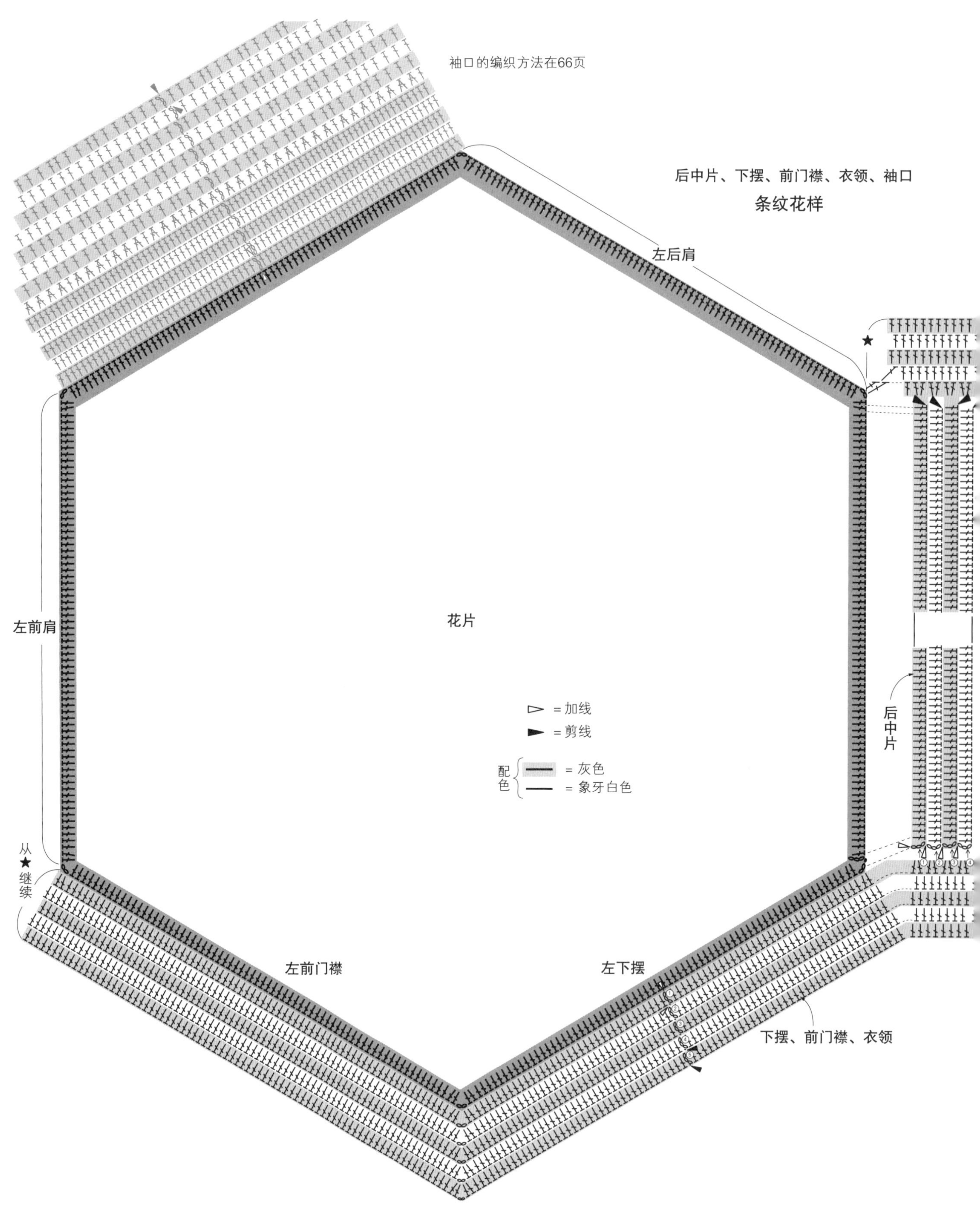

袖口的编织方法在66页
后中片、下摆、前门襟、衣领、袖口
条纹花样
左后肩
左前肩
花片
从★继续
后中片
▷ = 加线
▶ = 剪线
配色
= 灰色
= 象牙白色
左前门襟
左下摆
下摆、前门襟、衣领

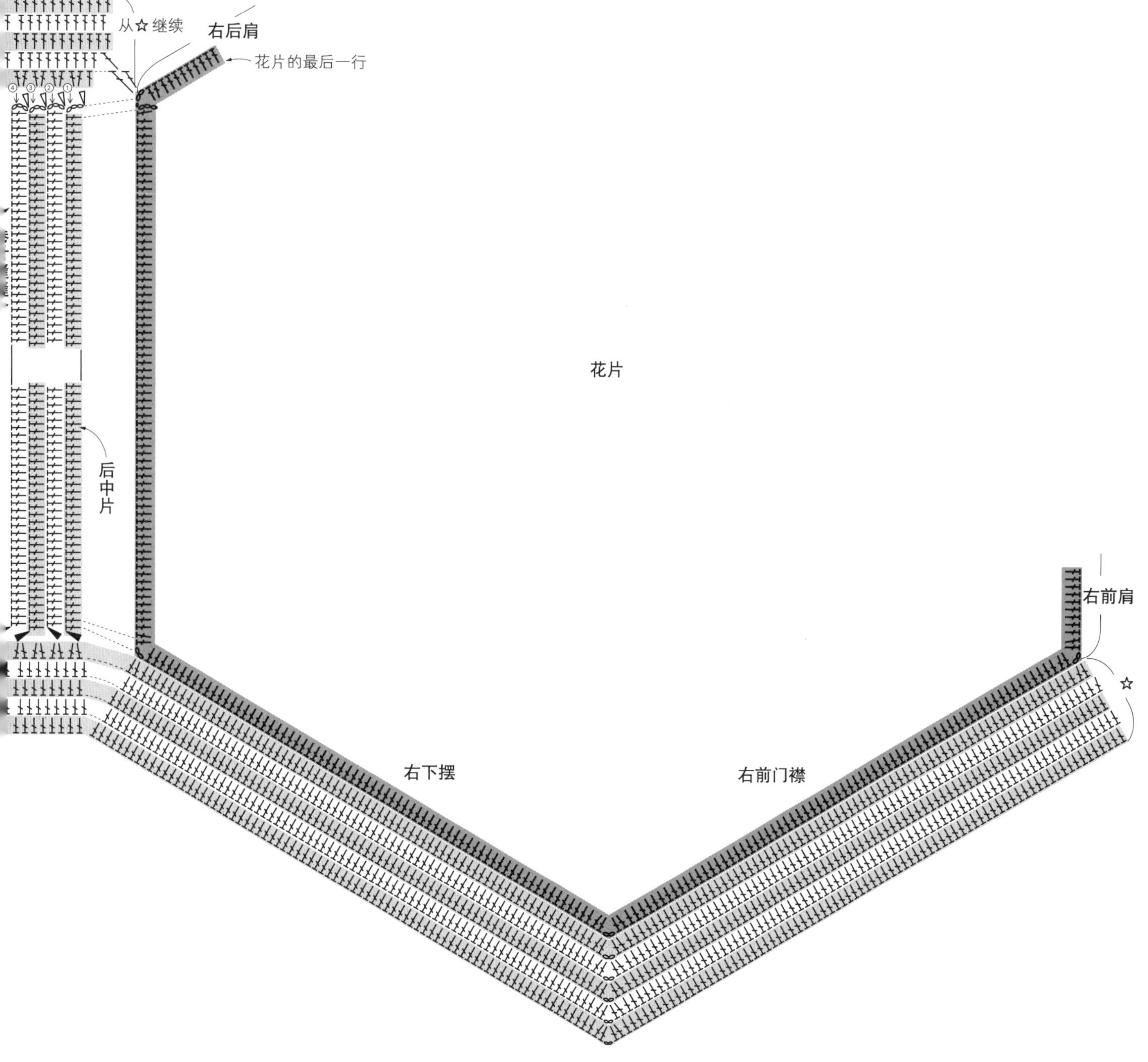

从☆继续
右后肩
花片的最后一行
花片
后中片
右前肩
☆
右下摆
右前门襟

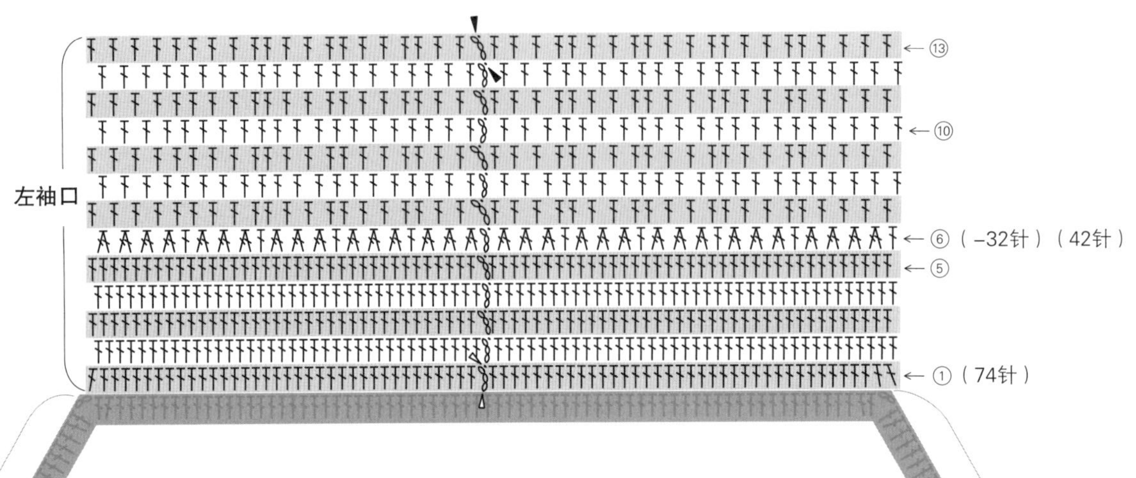

⑬
⑩
左袖口
⑥（−32针）（42针）
⑤
①（74针）
左前肩
花片
左后肩

P | 21页

● **材料**

Roulette(粗)

b浅米色、红色、卡其色、蓝色段染(506)40g/1团

d浅米色、紫色、棕色、绿色段染(997)40g/1团

● **工具**

棒针7号，钩针7/0号

● **成品尺寸**

底长约23cm，高10cm

● **编织密度**

10cm×10cm面积内：编织花样19.5针，32行

● **编织要点**

手指挂线起针后，从鞋帮向鞋底做起伏针、编织花样。编织终点的针目做休针处理。鞋底正面相对做引拔接合。后侧边做挑针缝合。

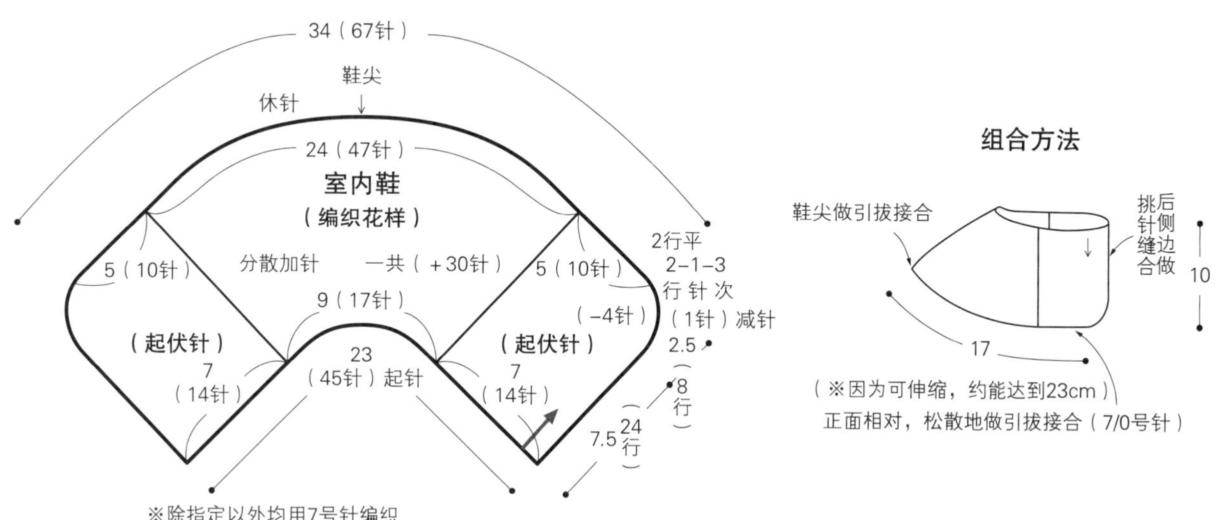

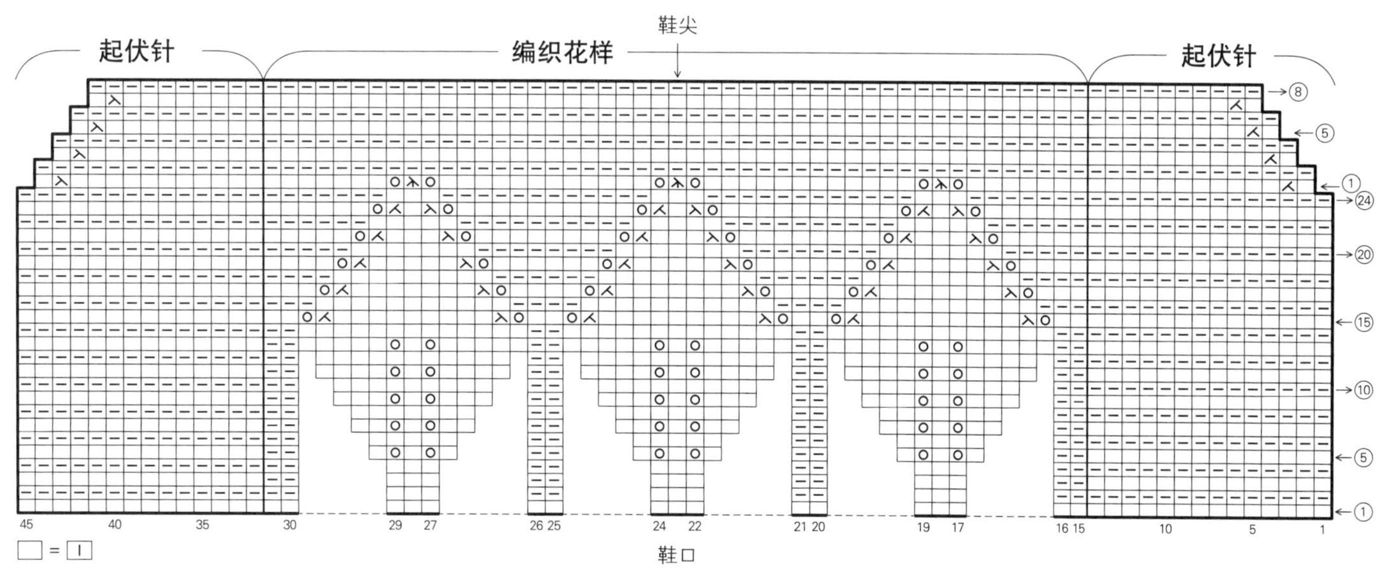

P

21页

●材料

Roulette(粗)

a浅米色、红色、卡其色、蓝色段染(506)50g/1团

c浅米色、紫色、棕色、绿色段染(997)50g/1团

●工具

棒针7号，钩针7/0号

●成品尺寸

宽19cm，深16cm

●编织密度

编织花样19.5针10cm，26行9cm

10cm×10cm面积内：起伏针19.5针，40行

●编织要点

手指挂线起针后，侧面、袋口无加减针做起伏针、编织花样。在袋口的第1行编织穿绳孔，编织终点的针目做伏针收针。袋底正面相对对折，做引拔接合。翻到正面，侧边做挑针缝合。袋绳用双重锁针钩织，从穿绳孔穿过。

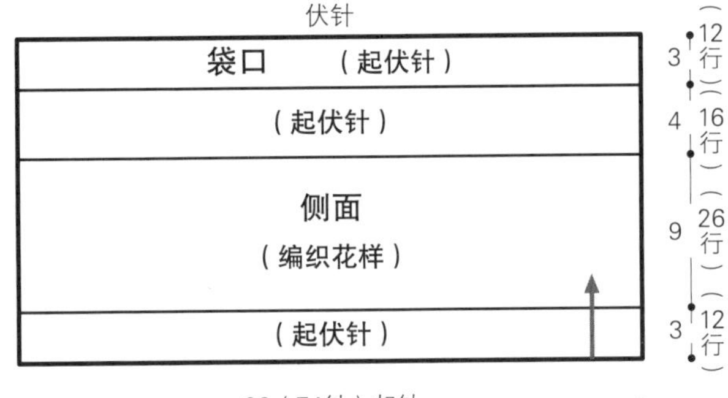

※除指定以外均用7号针编织

※袋口的第1行编织穿绳孔

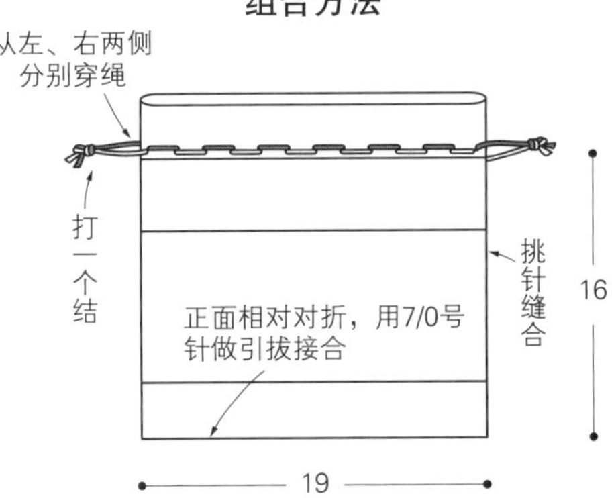

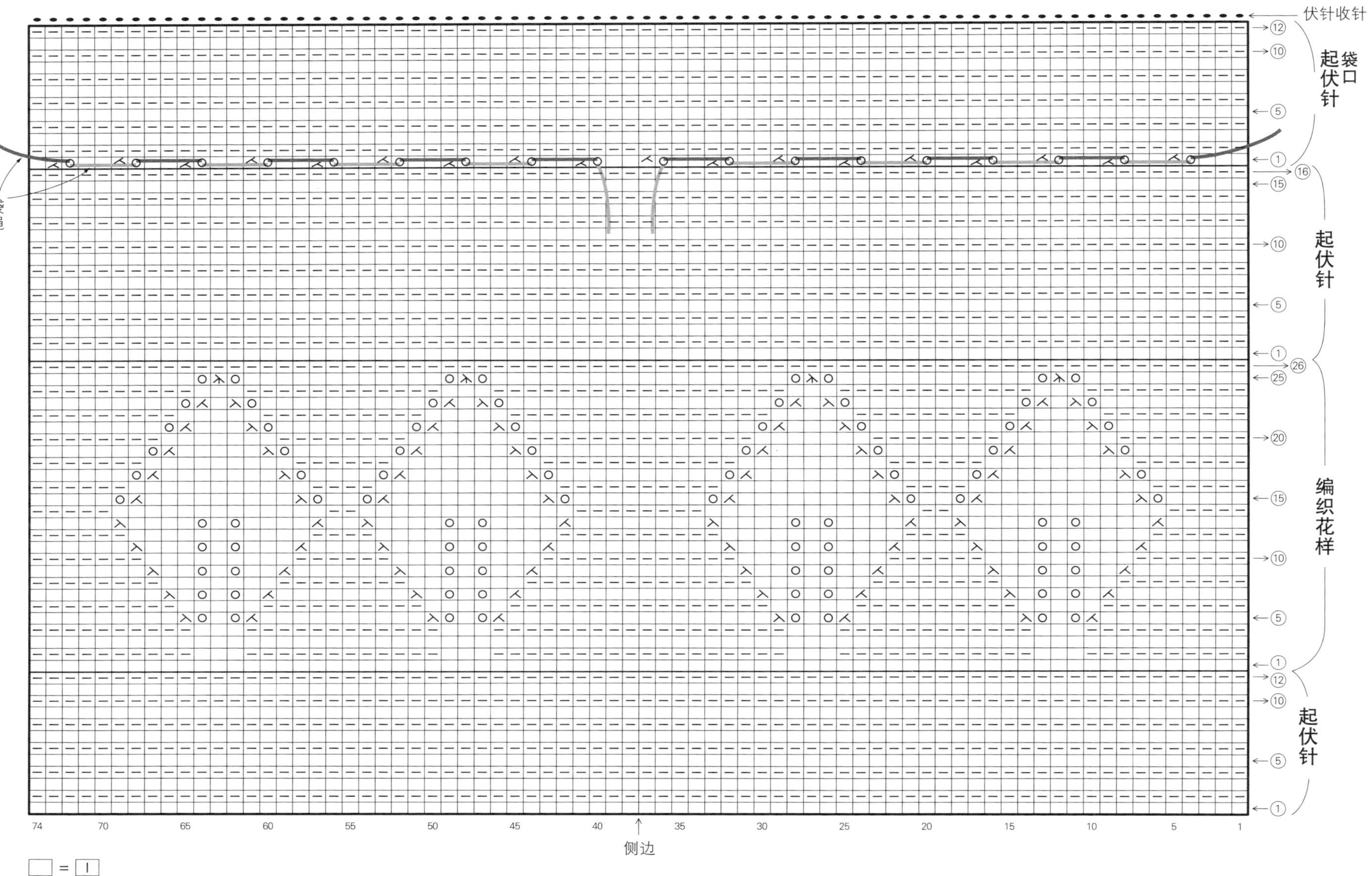
伏针收针
袋口起伏针
起伏针
编织花样
起伏针
袋绳
侧边
□ = |

Q

22页

●**材料**

Alba(粗)浅灰色(1092)220g/6团

●**工具**

棒针6号

●**成品尺寸**

胸围94cm，衣长52cm，肩宽37cm

●**编织密度**

10cm×10cm面积内：编织花样B、C、D均25针，30行

●**编织要点**

前、后身片　手指挂线起针后，下摆做编织花样A，接着做编织花样B、C、D至肩部。袖窿、领窝做休针、伏针减针和立起侧边1针的减针，肩部做引返编织，肩部的针目做休针处理。

组合　肩部将前、后身片正面相对做盖针接合。胁部做挑针缝合。衣领、袖口从身片挑针，按上针编织环形编织，编织终点做伏针收针。

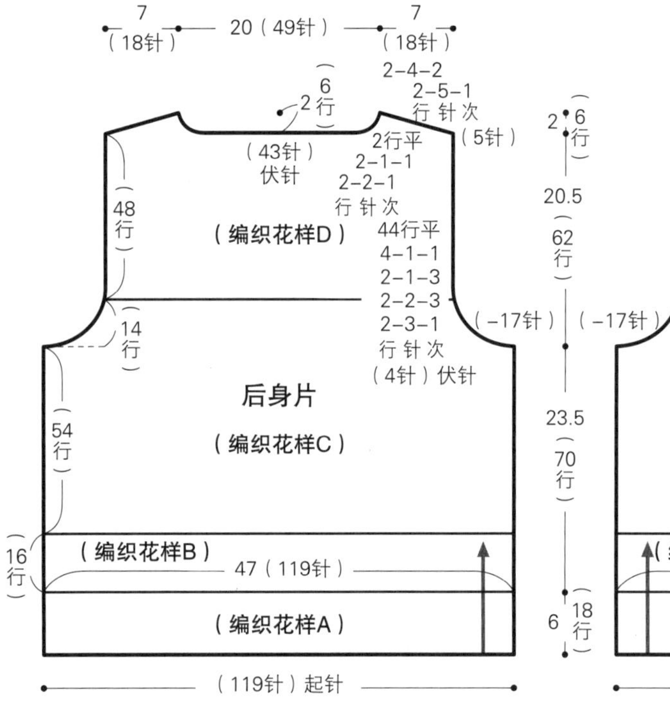

后身片
(编织花样D)
(编织花样C)
(编织花样B)
(编织花样A)
7 (18针)　20 (49针)　7 (18针)
2-4-2
2-5-1
行 针 次
(5针)
2 (6行)
(43针) 伏针
2行平
2-1-1
2-2-1
行 针 次
44行平
4-1-1
2-1-3
2-2-3
2-3-1
行 针 次
(4针) 伏针
48行
14行
54行
16行
47 (119针)
(119针) 起针
(−17针)
2 (6行)
20.5 (62行)
23.5 (70行)
6 (18行)

前身片
(编织花样D)
(编织花样C)
(编织花样B)
(编织花样A)
7 (18针)　20 (49针)　7 (18针)
和后身片相同
11.5 (34行)
4行平
2-1-1
2-2-1 ＞6次
2-2-3
行 针 次
(1针) 休针
20行
48行
14行
54行
16行
47 (119针)
(119针) 起针
(−17针)

※均使用6号针编织

衣领、袖口（上针编织）

(44针) 挑针
3 (10行)
1.5 (6行)
(28针) 挑针
(28针) 挑针
(1针) 挑针
(108针) 挑针

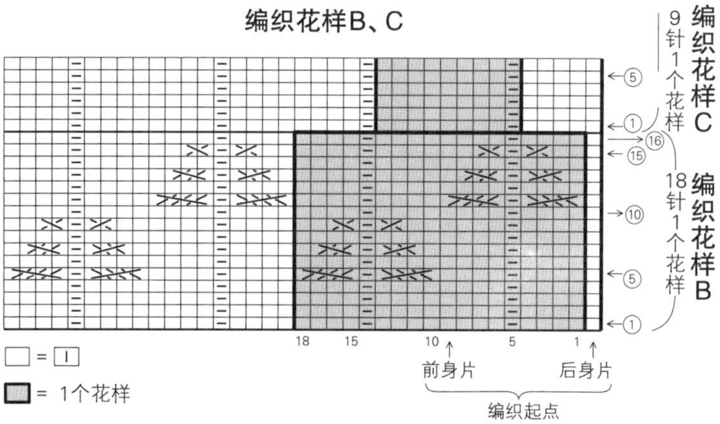

编织花样B、C

9针1个花样 编织花样C
18针1个花样 编织花样B
18　15　10　5　1
前身片　后身片
编织起点
□ = 丨
▩ = 1个花样

上针编织

伏针收针
□ = —

编织花样A

3针1个花样
□ = 丨

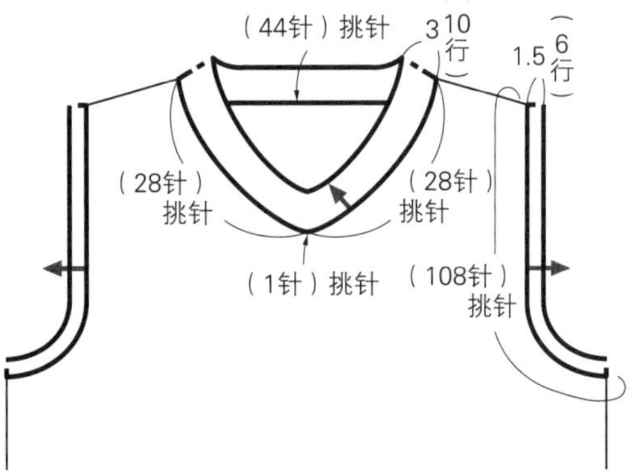

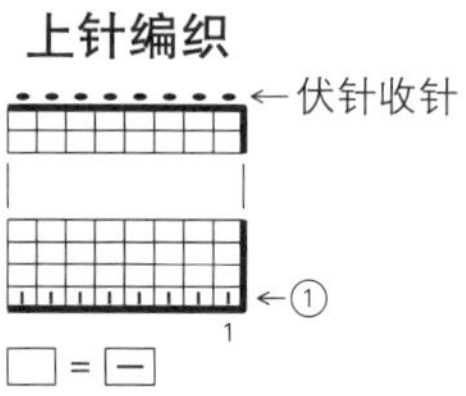

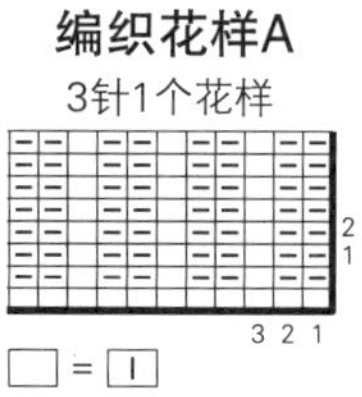

后领窝和斜肩

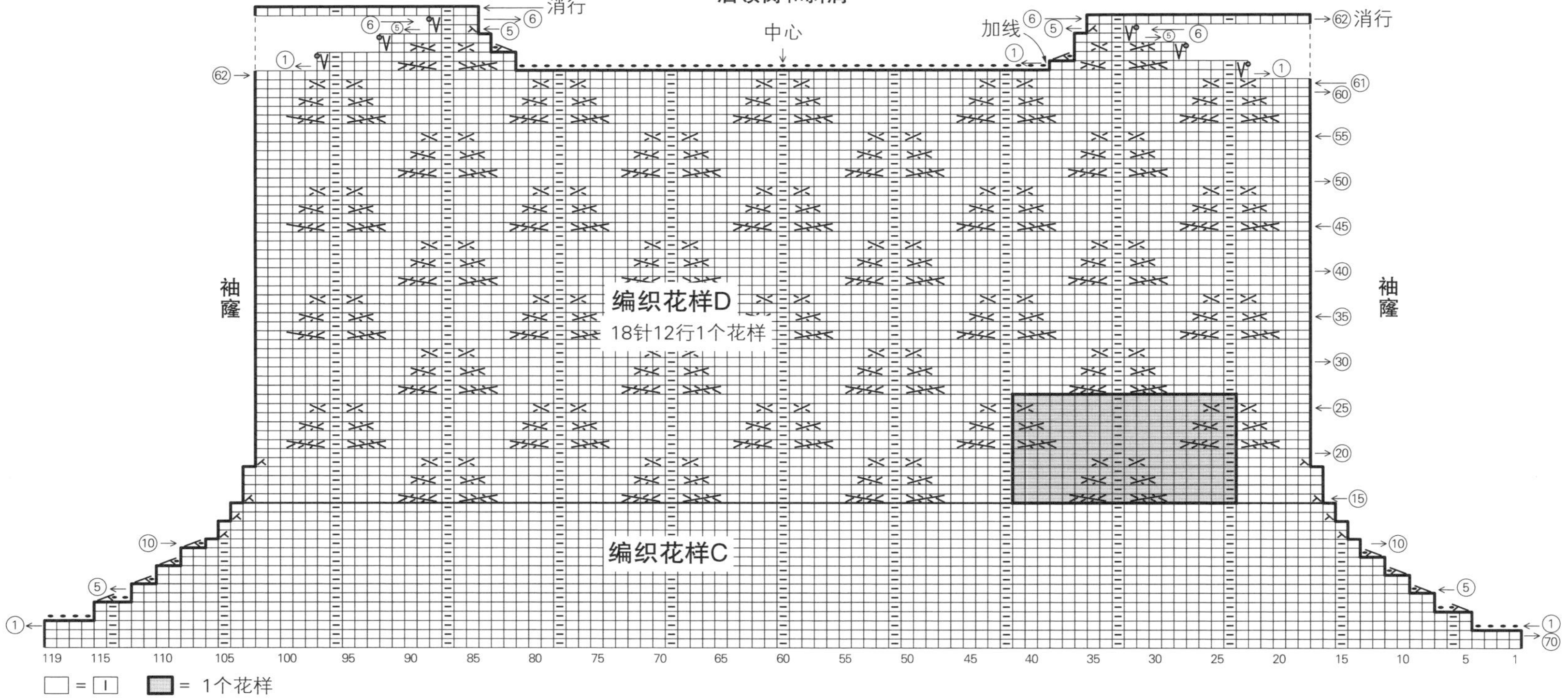

消行 ⑥ ⑤ ⑥ ⑤ ① ⑥² 中心 加线 ⑥ ⑤ ① ⑥ ⑤ ⑥² 消行 ① ⑥¹ ⑥⁰ ⑤⁵ ⑤⁰ ④⁵ ④⁰ ③⁵ ③⁰ ②⁵ ②⁰ ①⁵ ①⁰ ⑤ ① ⑦⁰

袖窿

袖窿

编织花样D

18针12行1个花样

编织花样C

119 115 110 105 100 95 90 85 80 75 70 65 60 55 50 45 40 35 30 25 20 15 10 5 1

□ = ∣　▩ = 1个花样

前领窝和斜肩

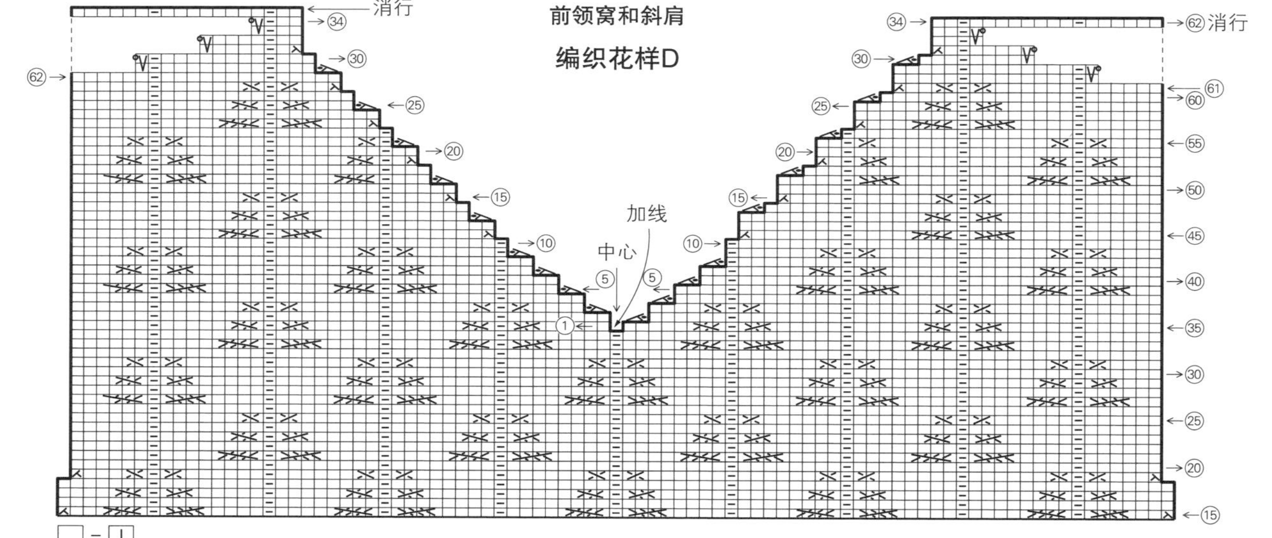

R | 23页

●材料

Boboli(粗)浅蓝绿色(439)380g/10团

3个直径1.8cm的纽扣

●工具

棒针6号

●成品尺寸

胸围92cm，衣长56.5cm，连肩袖长70.5cm

●编织密度

10cm×10cm面积内：编织花样23针，29行

●编织要点

前、后身片 手指挂线起针后，做单罗纹针、编织花样至肩部。肩部做引返编织，肩部的针目做休针处理。在前身片的口袋位置编入另线。左前门襟起针，右前门襟加针并制作扣眼，左、右前门襟都编织单罗纹针。

衣袖 肩部将前、后身片正面相对做盖针接合。衣袖从前、后袖窿挑针，参照图示编织。

组合 解开口袋位置的另线后挑针，袋口做单罗纹针，口袋内片做下针编织。衣领做单罗纹针。胁部、袖下、袋口做挑针缝合，口袋内片做卷针缝合。左、右前门襟在底部缝合，在左前门襟上缝纽扣。

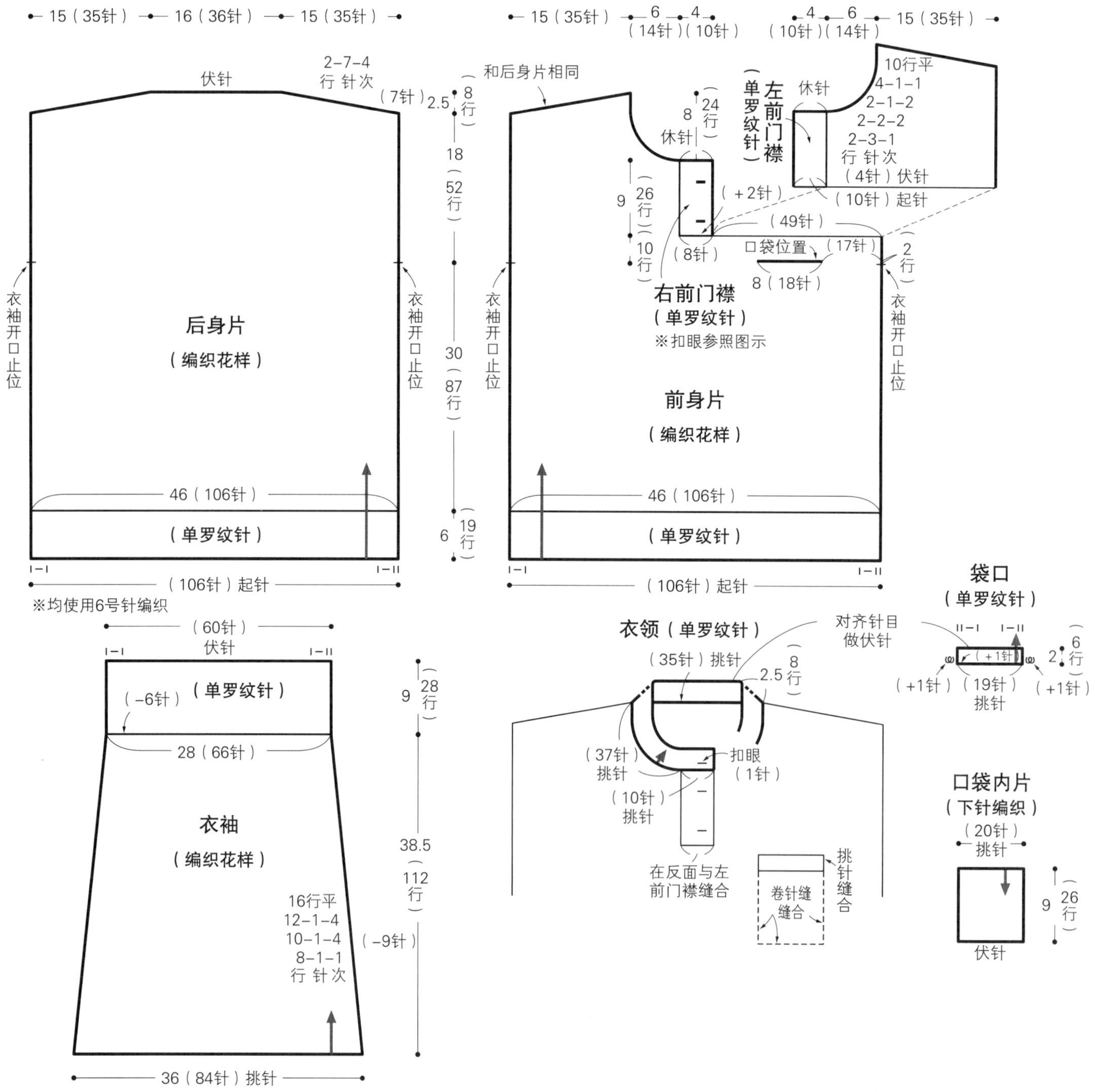

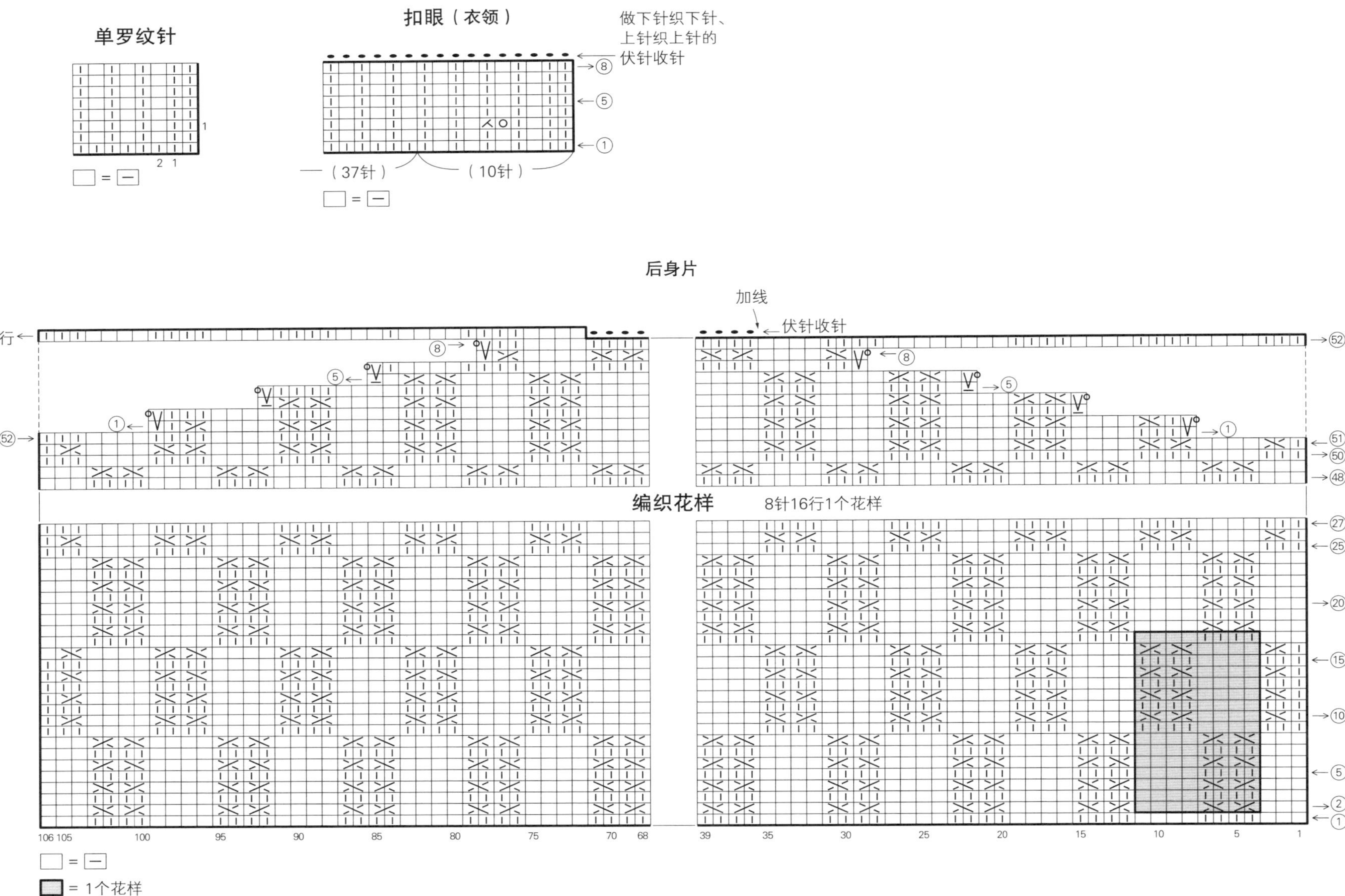
单罗纹针
□ = —
扣眼（衣领）
做下针织下针、上针织上针的伏针收针
（37针）
（10针）
□ = —
后身片
加线
伏针收针
消行
编织花样
8针16行1个花样
□ = —
= 1个花样

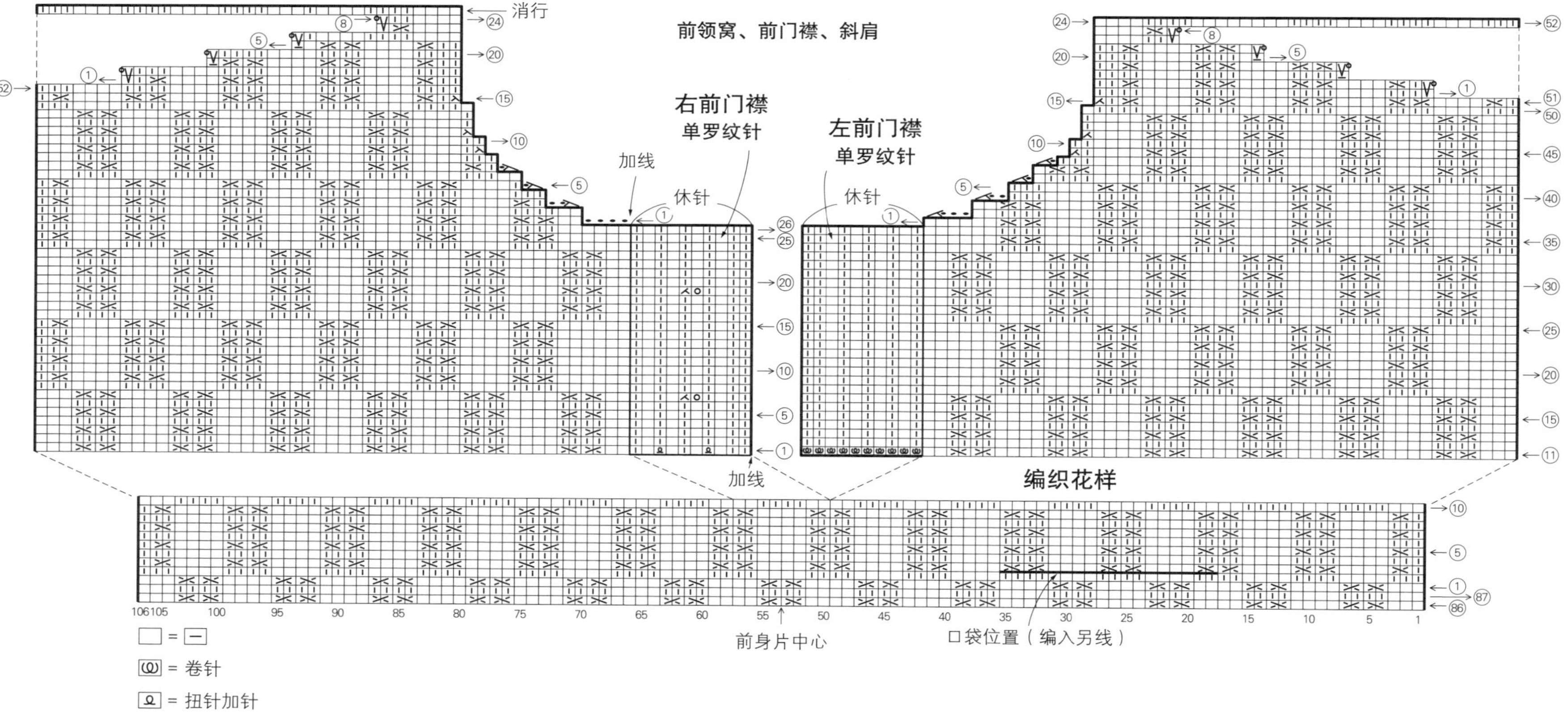

前领窝、前门襟、斜肩
右前门襟
单罗纹针
左前门襟
单罗纹针
消行
加线
休针
加线
编织花样
前身片中心
口袋位置（编入另线）
□ = ㅡ
(O) = 卷针
(Q) = 扭针加针

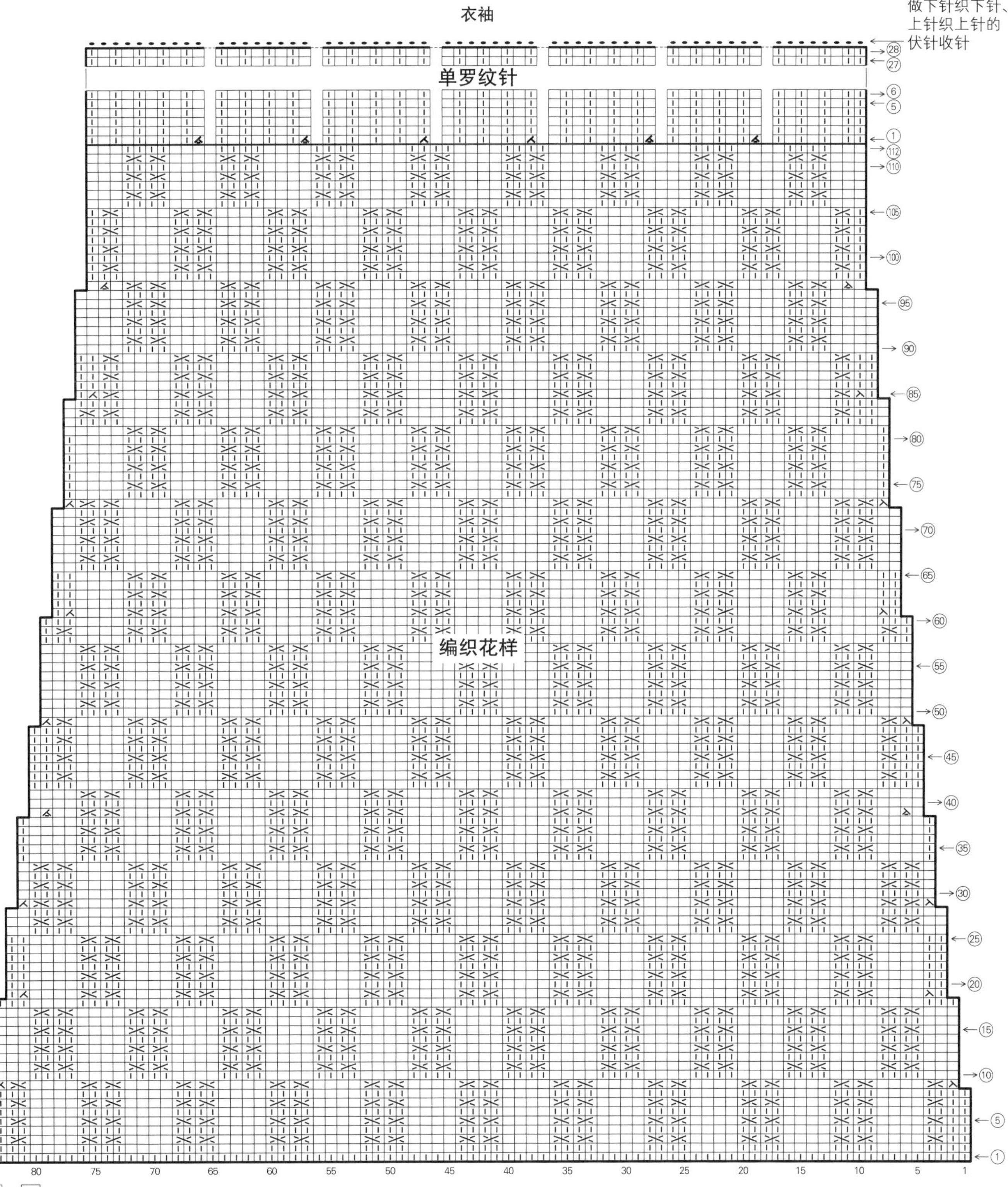
衣袖
做下针织下针、
上针织上针的
伏针收针
单罗纹针
编织花样
28
27
6
5
1
112
110
105
100
95
90
85
80
75
70
65
60
55
50
45
40
35
30
25
20
15
10
5
1
84
80
75
70
65
60
55
50
45
40
35
30
25
20
15
10
5
1
□ = ⊟

N | 19页

● 材料

Eclatant（极粗）
a冰蓝色（703）90g/2团
b黑色（706）90g/2团

● 工具

棒针6号

● 成品尺寸

头围54cm，帽深26cm

● 编织密度

10cm×10cm面积内：下针编织19针，31行

● 编织要点

手指挂线起针后，按下针编织环形编织。无加减针编织66行，分散减针编织28行，最后一行的6针穿线收紧。编织起点的12行向内侧折叠后锁边。

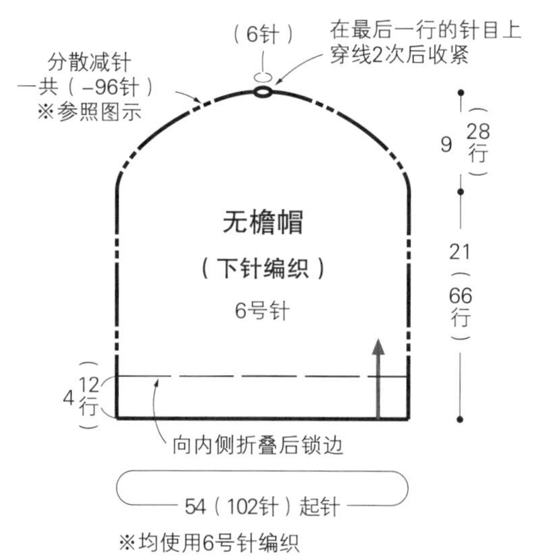

帽顶的分散减针

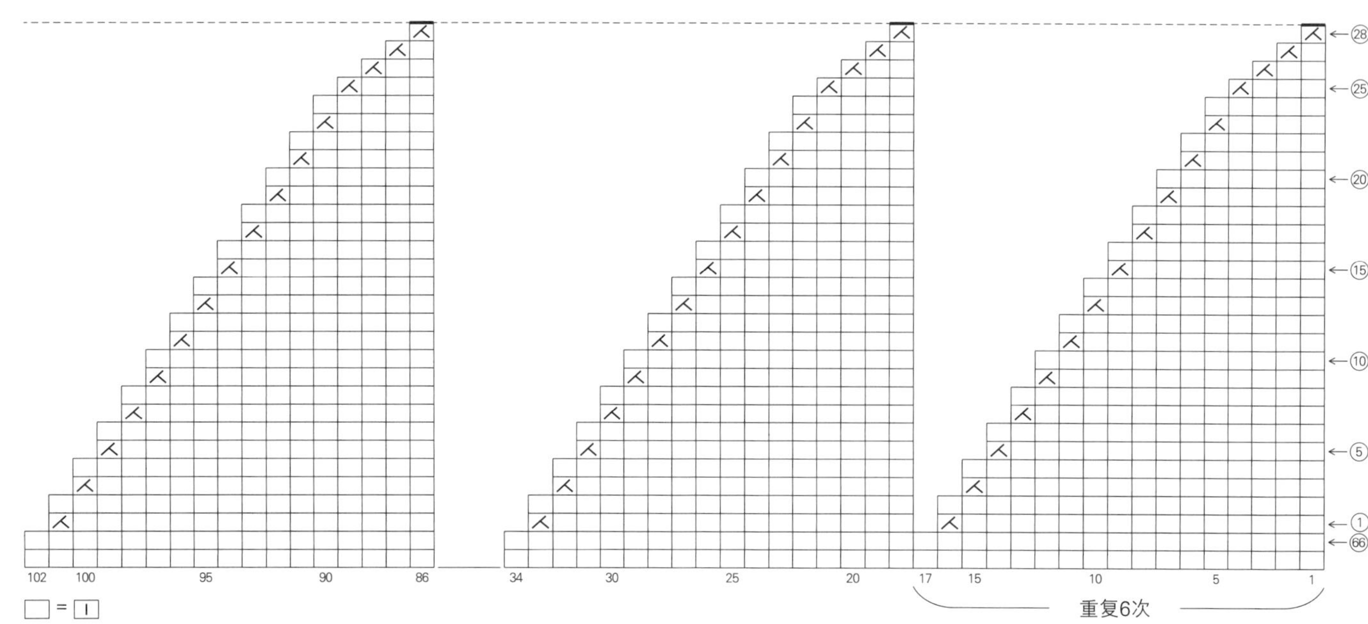

S

24页

● **材料**

Princess Anny(粗)黑色(520)310g/8团，灰白色(502)75g/2团

● **工具**

钩针6/0号、4/0号

● **成品尺寸**

胸围96cm，衣长50cm，连肩袖长29cm

● **编织密度**

花片A、B：1片16cm×16cm

● **编织要点**

前、后身片 花片A、B用线头环形起针，按照指定的配色用6/0号针钩织。花片A 8片、B 6片，做半针的卷针缝缝合。遇到花片的空隙时无须剪线，在针目里穿线即可。

衣领 用和前、后身片相同的方法起针，用相同的方法钩织4片花片B。用4/0号针钩织花片，仅最后一行的领窝侧用6/0号针钩织。4片花片做半针的卷针缝缝合成环形。

组合 做半针的卷针缝缝合衣领。袖口、下摆按编织花样环形编织。

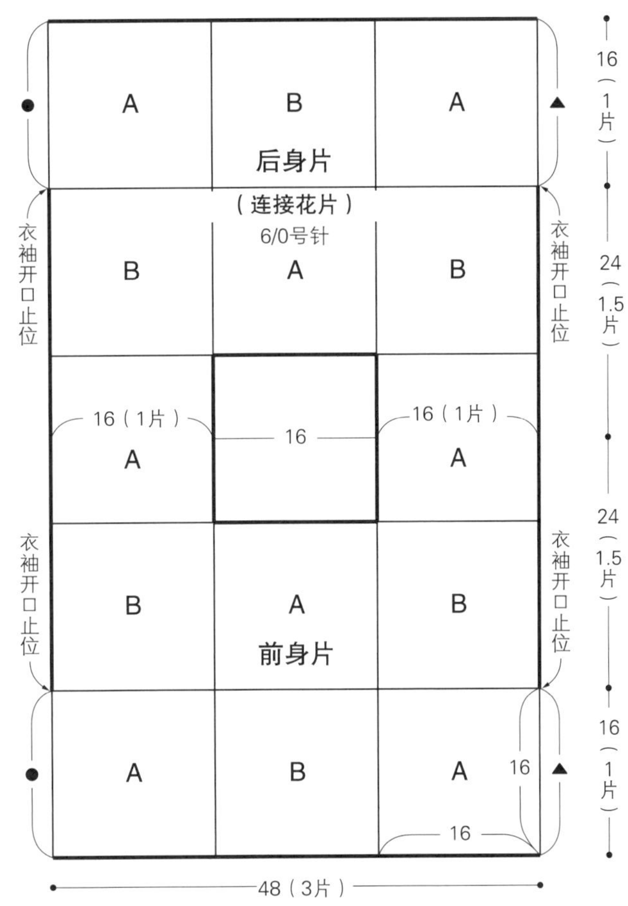

※对齐花片，做半针的卷针缝缝合(黑色)

※对齐相同标记做连接

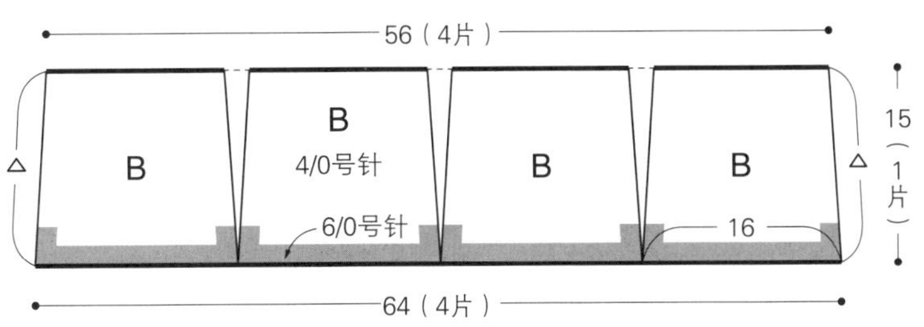

※仅最后一行(第9行)的领窝侧的指定位置( )用6/0号针钩织

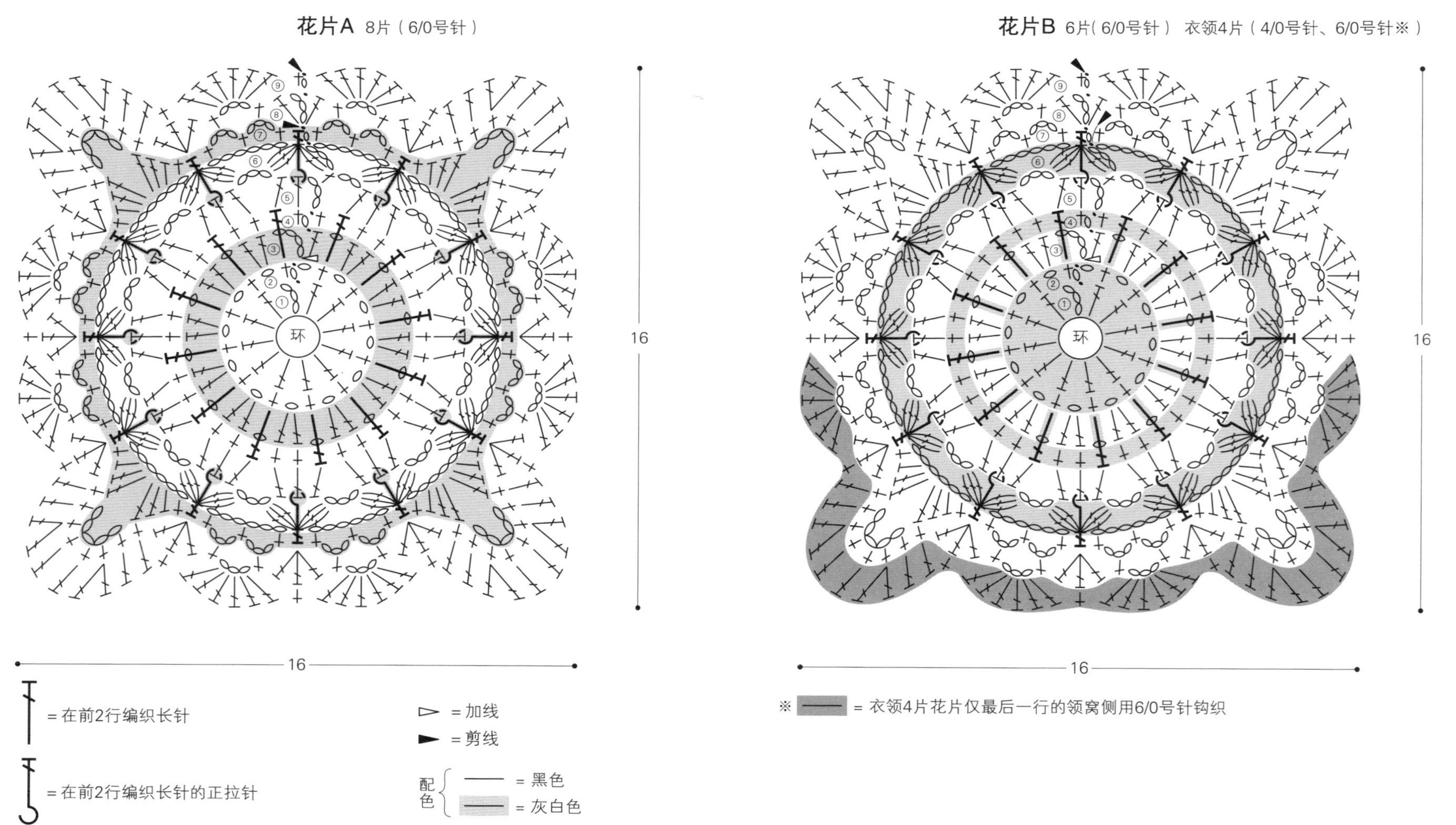
花片A 8片（6/0号针）
花片B 6片（6/0号针） 衣领4片（4/0号针、6/0号针※）
环
16
16
16
16
= 在前2行编织长针
= 在前2行编织长针的正拉针
= 加线
= 剪线
配色
= 黑色
= 灰白色
※ = 衣领4片花片仅最后一行的领窝侧用6/0号针钩织

花片的连接方法

衣领的连接方法

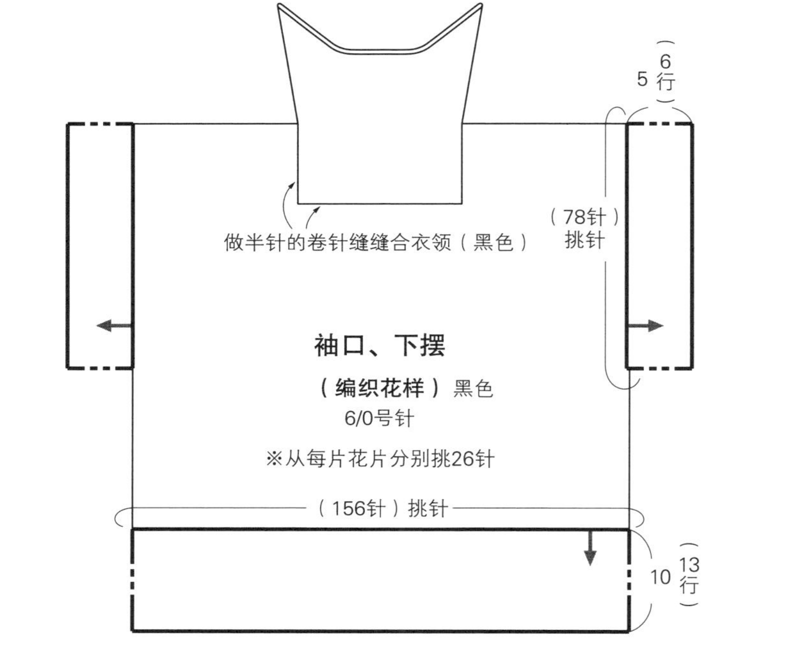

编织花样

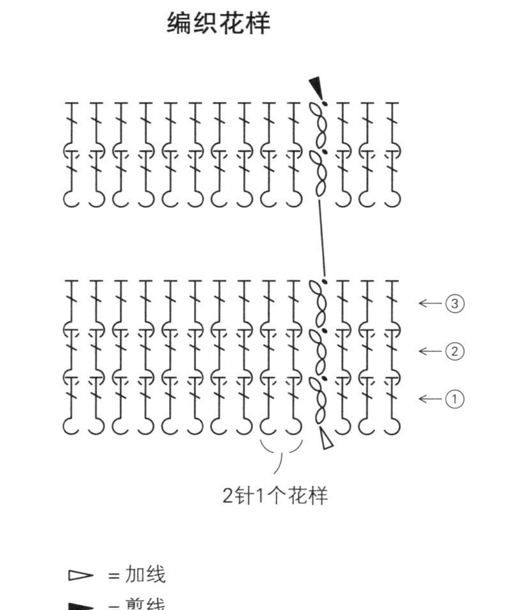

编织花样的针目的挑针方法（袖口）※下摆用相同的方法挑针

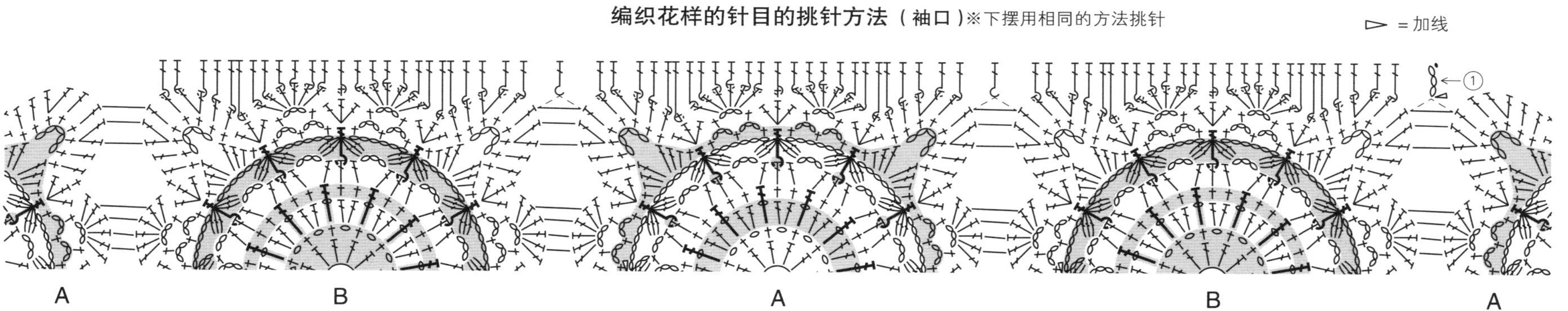

T | 25页

●材料

Queen Anny(中粗)浅灰咖色(976)495g/10团

●工具

棒针7号，钩针6/0号

●成品尺寸

胸围96cm，衣长53.5cm，肩宽36cm，袖长53.5cm

●编织密度

10cm×10cm面积内：编织花样A、B均22针，24行

●编织要点

前、后身片 手指挂线起针后，下摆做单罗纹针，接着后身片做编织花样A，前身片做编织花样A、B。领窝做休针、伏针减针和立起侧边1针的减针，肩部做引返编织，肩部的针目做休针处理。

衣袖 用和身片相同的方法起针，参照图示，做单罗纹针和编织花样A、B。

组合 肩部将前、后身片正面相对做盖针接合。衣领从身片挑针，按编织花样B环形编织，编织终点的针目做伏针收针。胁部、袖下做挑针缝合。衣袖和身片做引拔接合。领绳用双重锁针钩织，穿过衣领后打结。

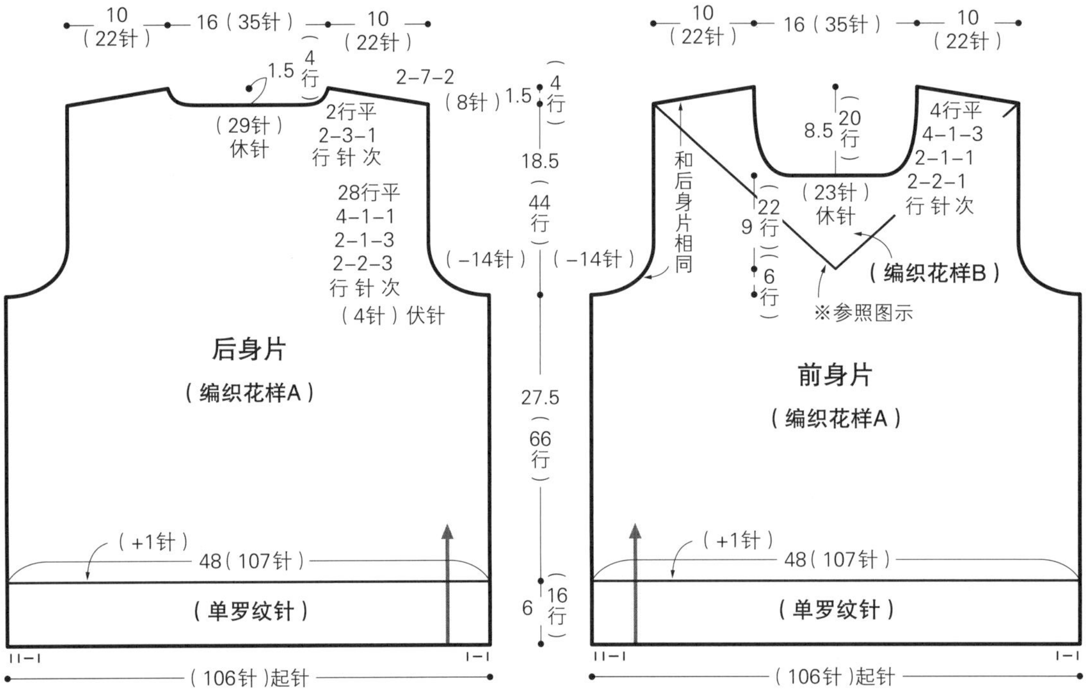

后身片

(编织花样A)

前身片

(编织花样A)

(编织花样B)

(单罗纹针)

※除指定以外均用7号针编织

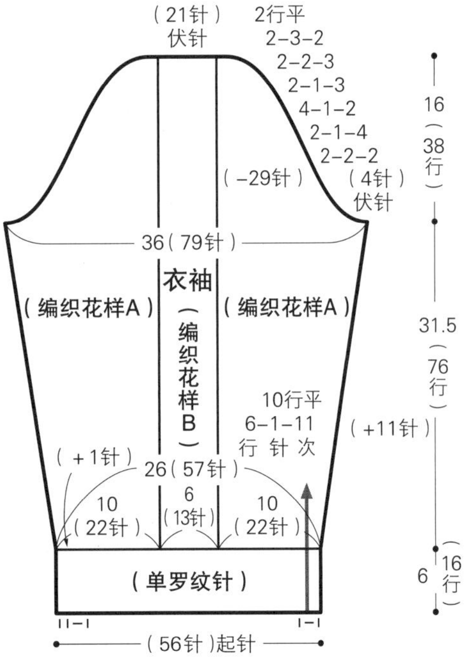

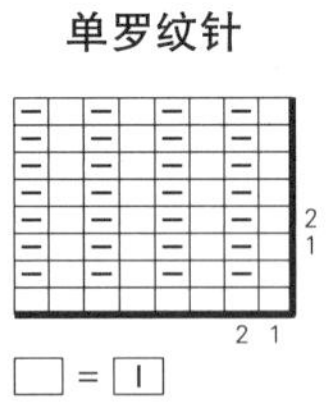

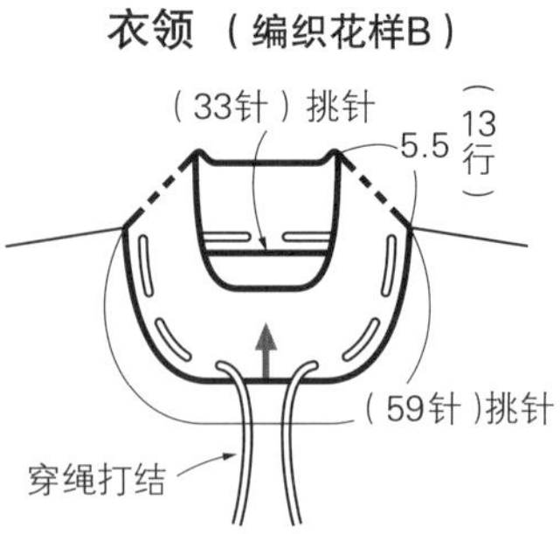

衣袖

衣领 (编织花样B)

单罗纹针

编织花样B (衣领)

伏针收针

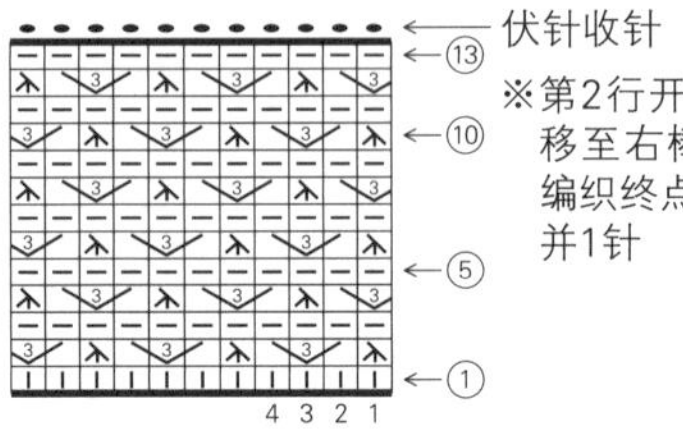

※第2行开始的2针不编织，移至右棒针上，和上一行编织终点的针目做右上3针并1针

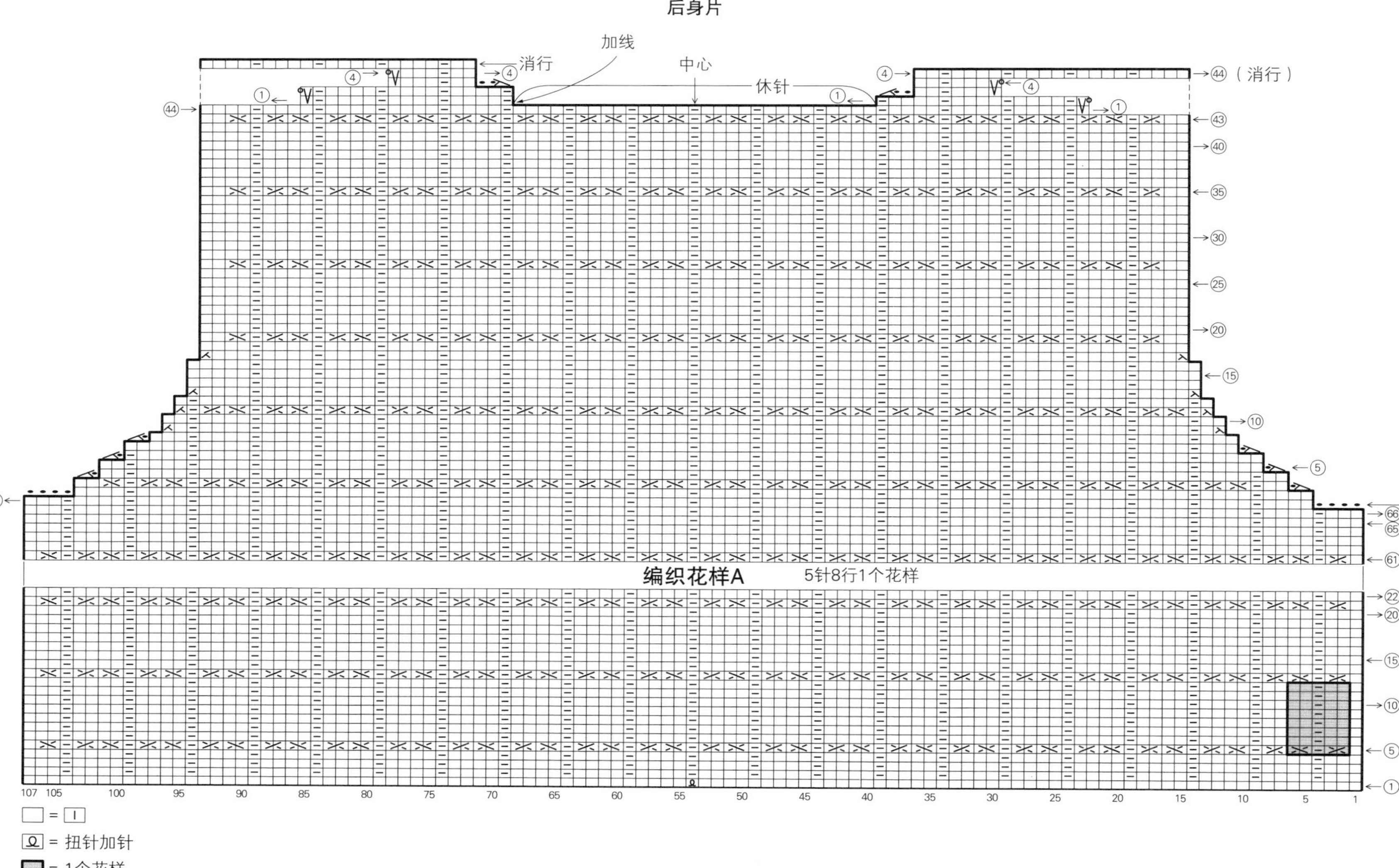

后身片
加线
消行
中心
休针
(消行)
编织花样A
5针8行1个花样
□ = ｜
Ω = 扭针加针
■ = 1个花样

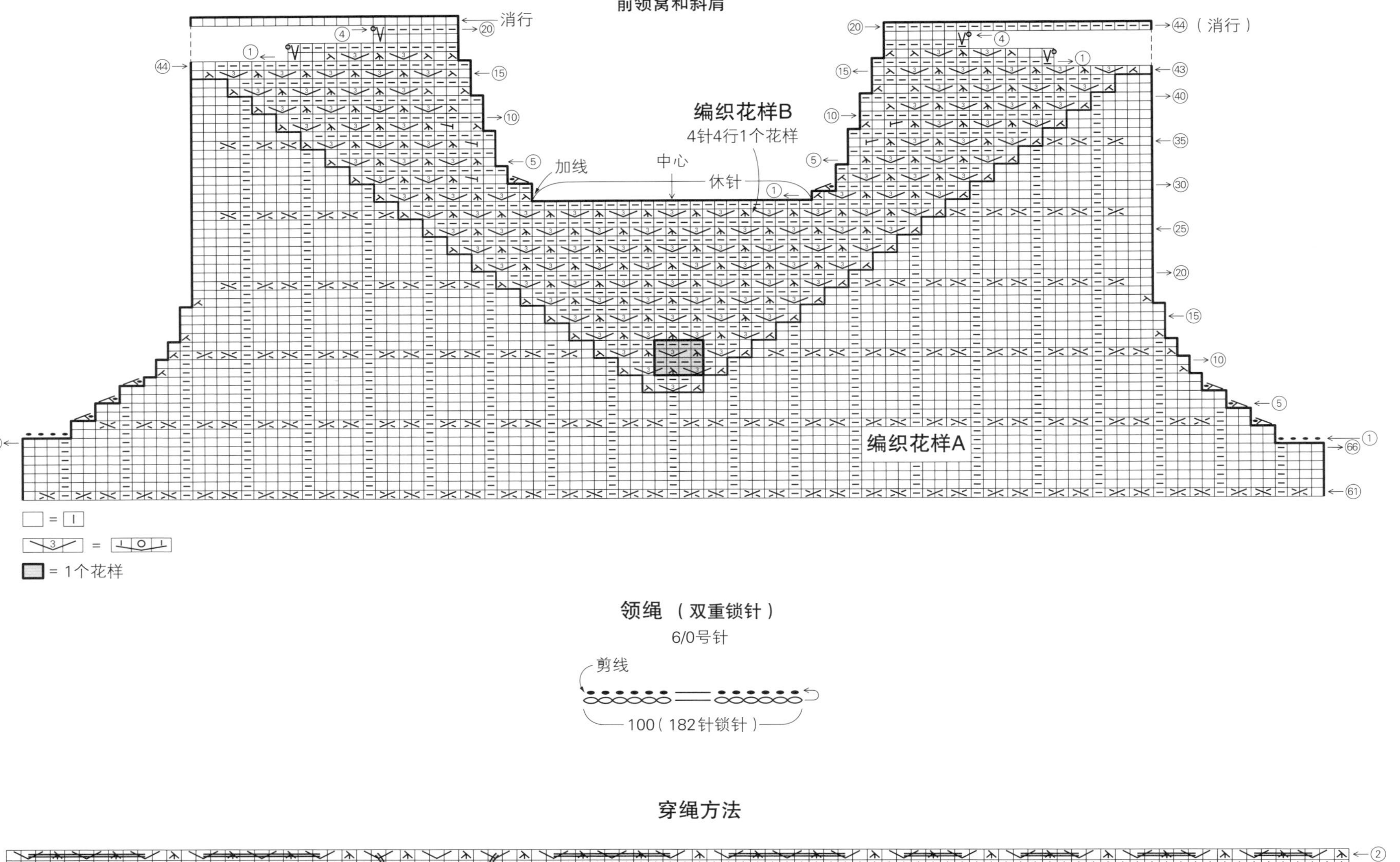

前领窝和斜肩
消行
（消行）
编织花样B
4针4行1个花样
中心
休针
加线
编织花样A
= 1个花样
领绳 （双重锁针）
6/0号针
剪线
100（182针锁针）
穿绳方法
前中心
领绳
左肩
后中心
右肩

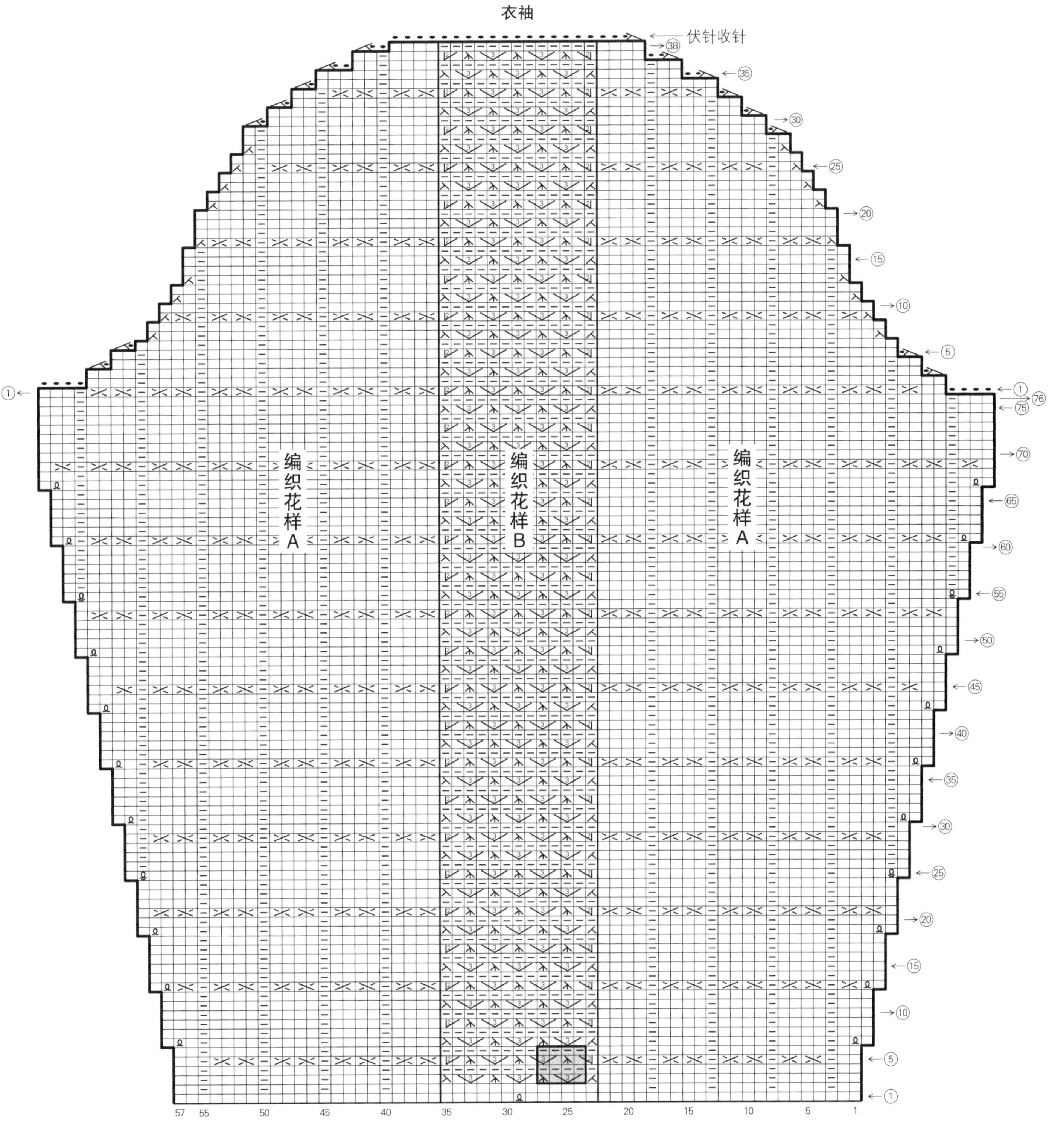

□ = ⊡

■ = 1个花样4针4行

= 扭针加针

= 上针的扭针加针

、 = 编织下针，在相同的针目里编织1针上针

U | 26、27页

●**材料**

Eclatant（极粗）粉色（702）380g/8团
NEW 3PLY（细）浅粉色（366）115g/3团
Soft Donegal（中粗）浅蓝绿色（5204）50g/2团
4个直径2.1cm的纽扣

●**工具**

棒针11号

●**成品尺寸**

胸围101.5cm，衣长48.5cm，连肩袖长61.5cm

●**编织密度**

10cm×10cm面积内：下针编织16针，22行

●**编织要点**

用粉色和浅粉色双线、浅蓝绿色1根线编织。

前、后身片 手指挂线起针后，做下针编织至肩部。在前身片的口袋位置编入另线。在接袖止位用线头做标记，领窝做伏针减针和立起侧边1针的减针。肩部做引返编织，肩部的针目做休针处理。

衣袖 肩部将前、后身片正面相对做盖针接合。衣袖从前、后袖窿挑针，做下针编织。袖下做立起侧边2针的减针。袖口做起伏针，编织终点做伏针收针。（下转87页）

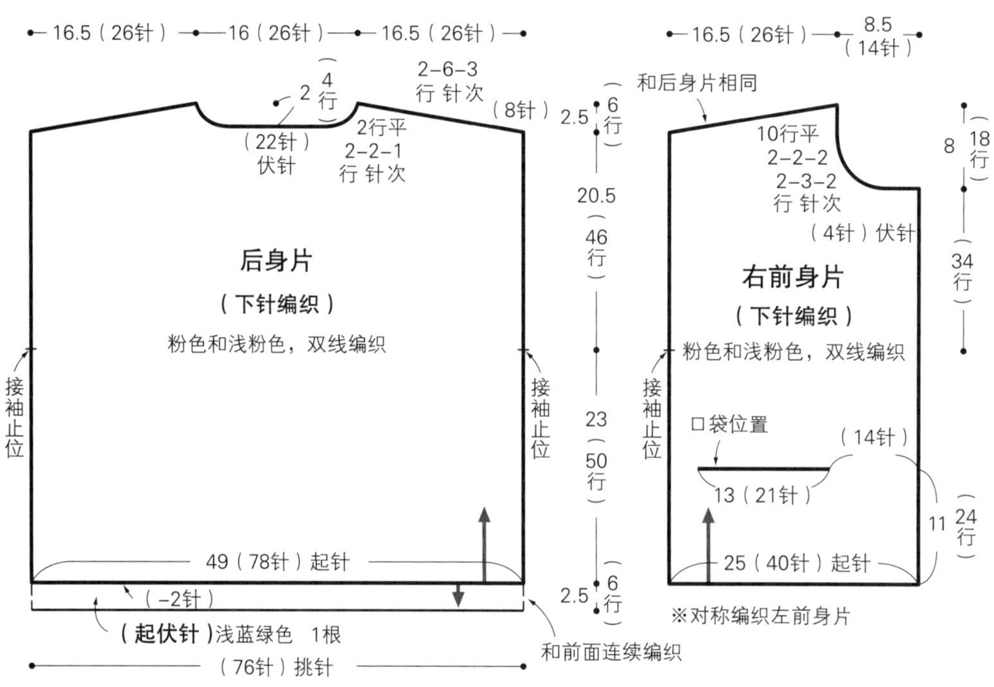

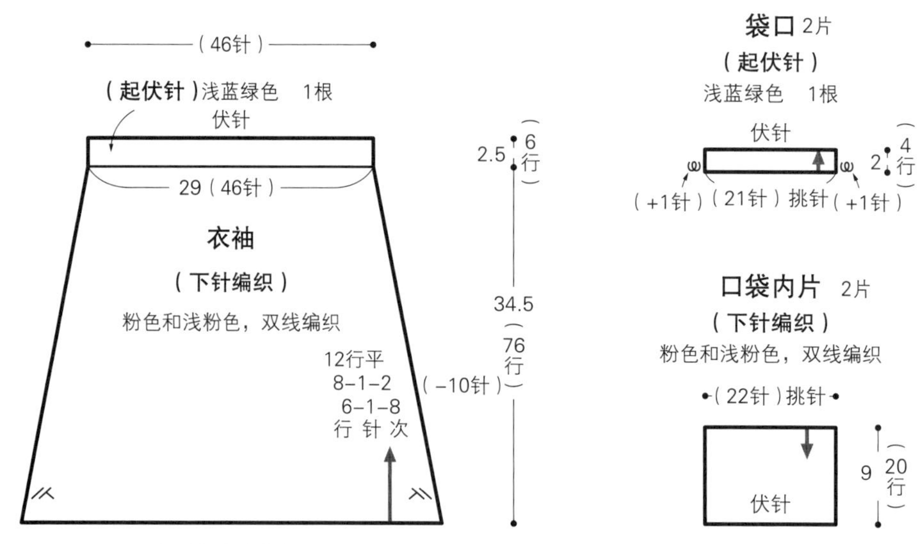

（上接 86页）

组合 解开口袋位置的另线后挑针，袋口做起伏针，口袋内片做下针编织，编织终点的针目做伏针收针。胁部、袖下、袋口做挑针缝合，口袋内片做卷针缝合。下摆、前门襟、衣领继续做起伏针。编织终点松松地做伏针收针，使转角柔和不尖锐。在右前门襟编织扣眼，在左前门襟上缝纽扣。

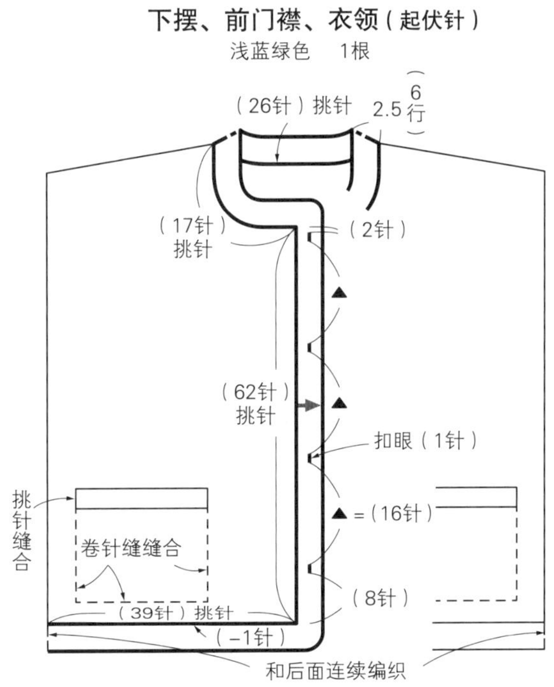

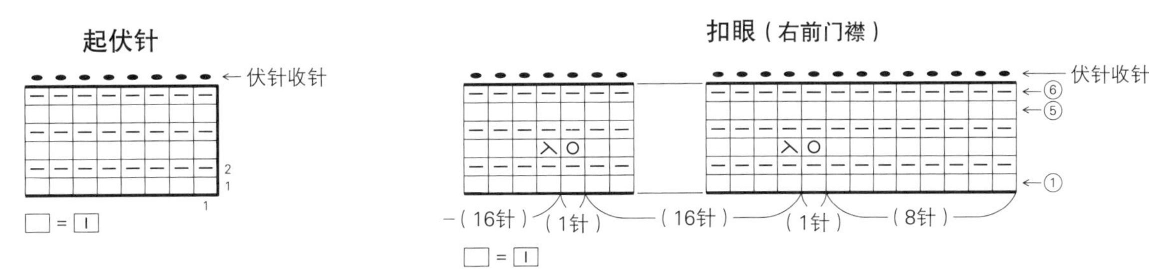

V | 28页

●材料

Julika Mohair(中粗)浅米色(301)270g/7团

●工具

棒针10号

●成品尺寸

胸围106cm，衣长50cm，连肩袖长60.5cm

●编织密度

10cm×10cm面积内：双罗纹针18针，20行

●编织要点

前、后身片 手指挂线起针后，做双罗纹针至衣领。在接袖止位用线头做标记，肩部在侧边第3针和第4针做2针并1针的减针。衣领无加减针编织，编织终点的针目做下针织下针、上针织上针的伏针收针。

衣袖 肩部和衣领的前、后片做挑针缝合。衣袖从前、后袖窿挑针，无加减针做双罗纹针，编织终点做下针织下针、上针织上针的伏针收针。

组合 胁部、袖下做挑针缝合。

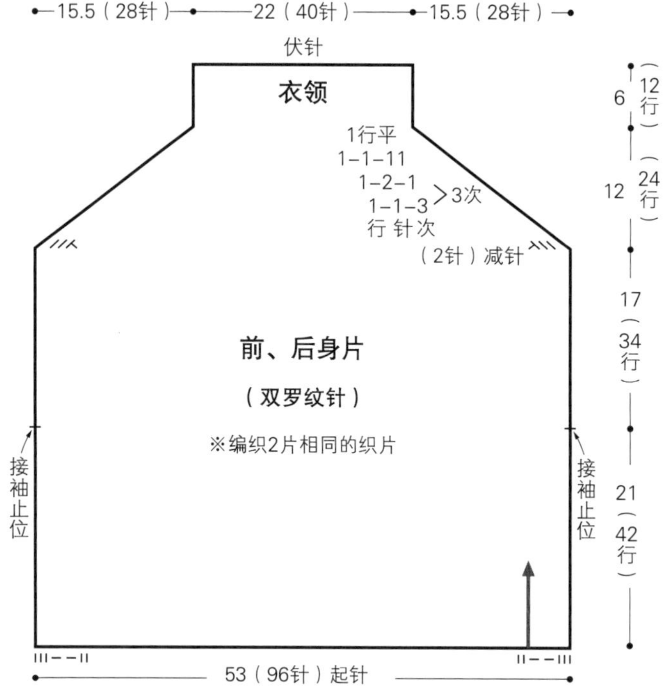

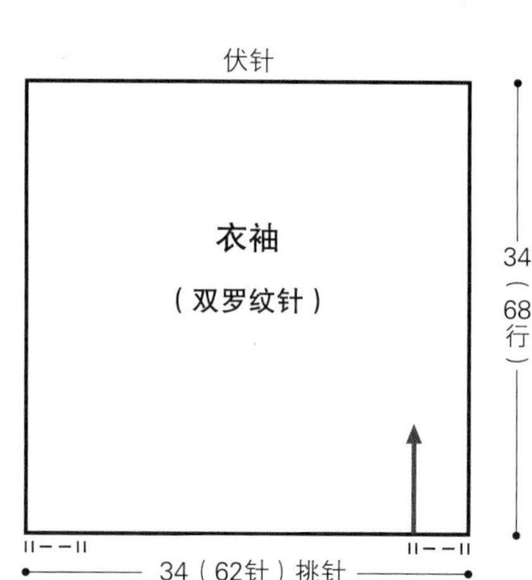

双罗纹针

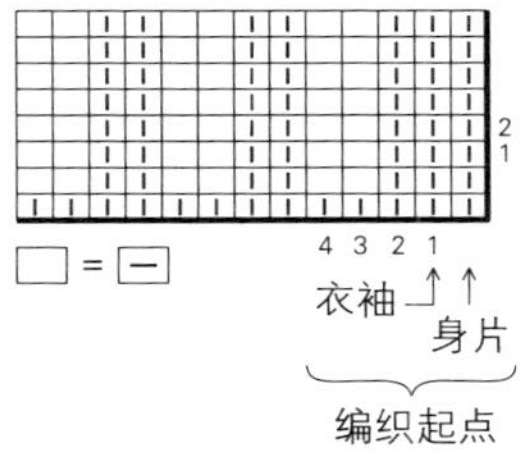

□ = ⊟

衣袖
身片
编织起点

肩部和衣领的编织方法

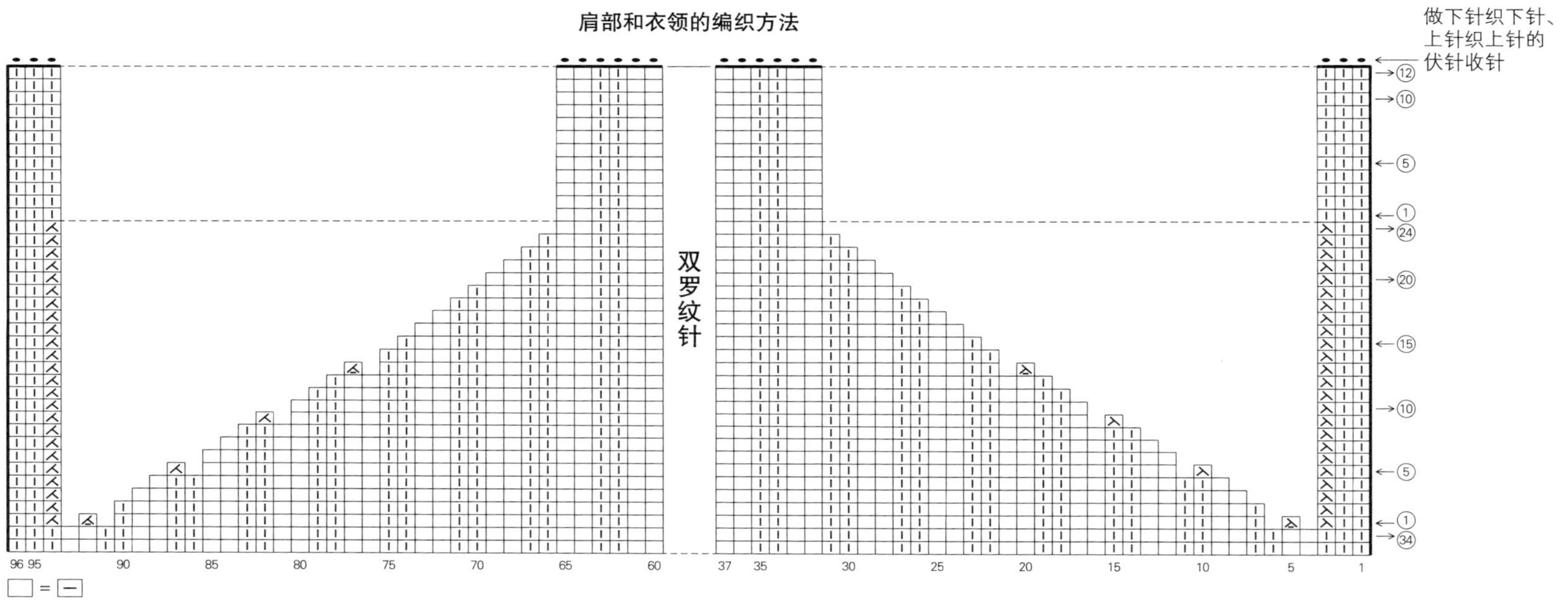

做下针织下针、上针织上针的伏针收针

双罗纹针

□ = ⊟

W | 29页

●材料

British Fine(中细)

a橡木色(065)250g/10团

b薄荷绿色(074)250g/10团

●工具

钩针7/0号

●成品尺寸

宽32.5cm，深20.5cm

●编织密度

短针18.5针10cm，16行7cm

编织花样1个花样(3针)1.2cm，8行10cm

●编织要点

包底锁针起针，挑起锁针的里山和头部的1根线，另一侧挑起剩下的1根线，按短针一边加针一边环形编织。接着侧面按编织花样做往返的环形编织。包口、提手编织短针。在包口的第8行锁针起针编织提手。

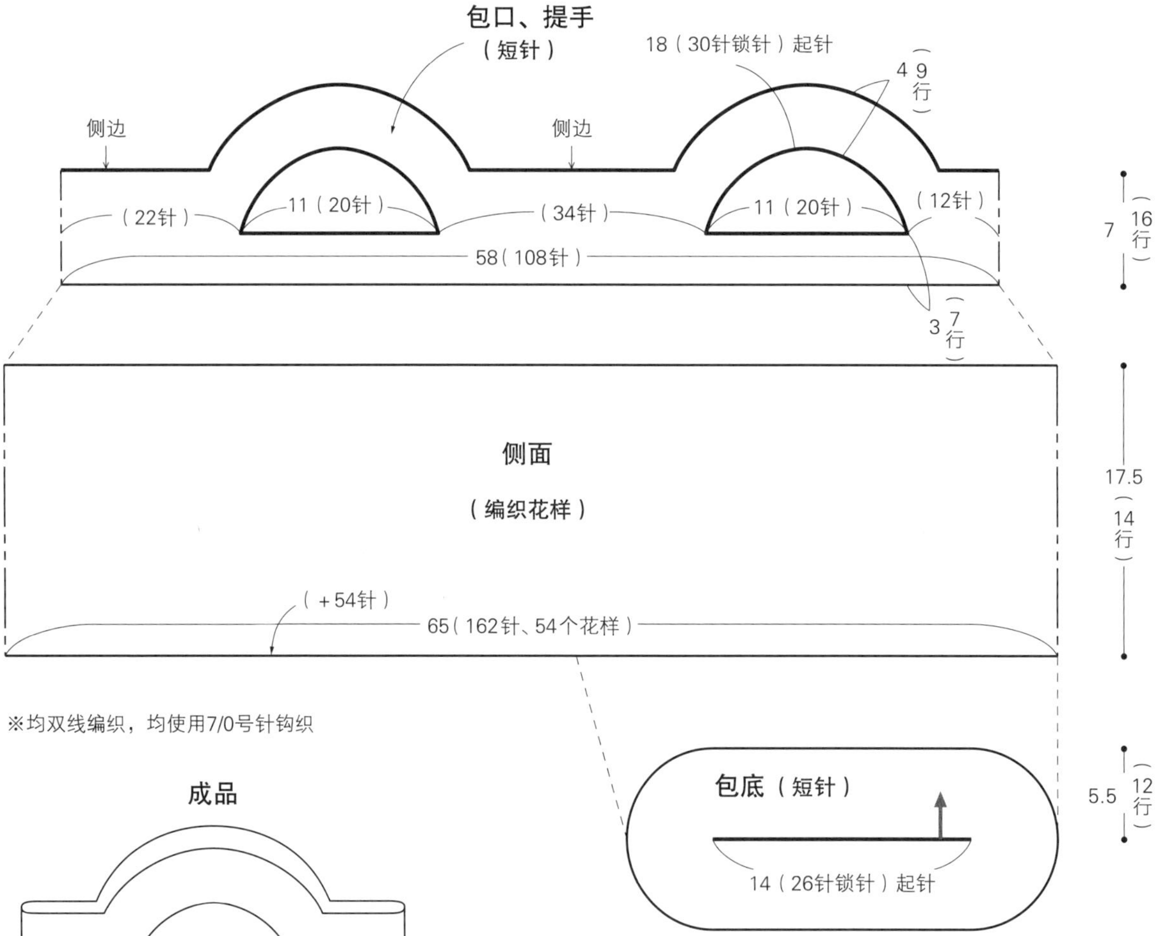

※均双线编织，均使用7/0号针钩织

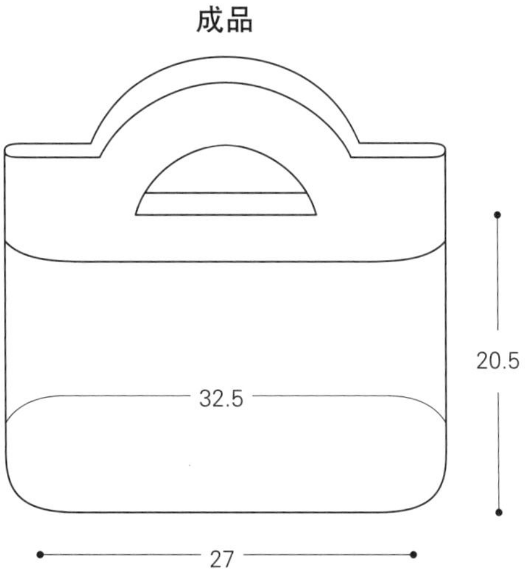

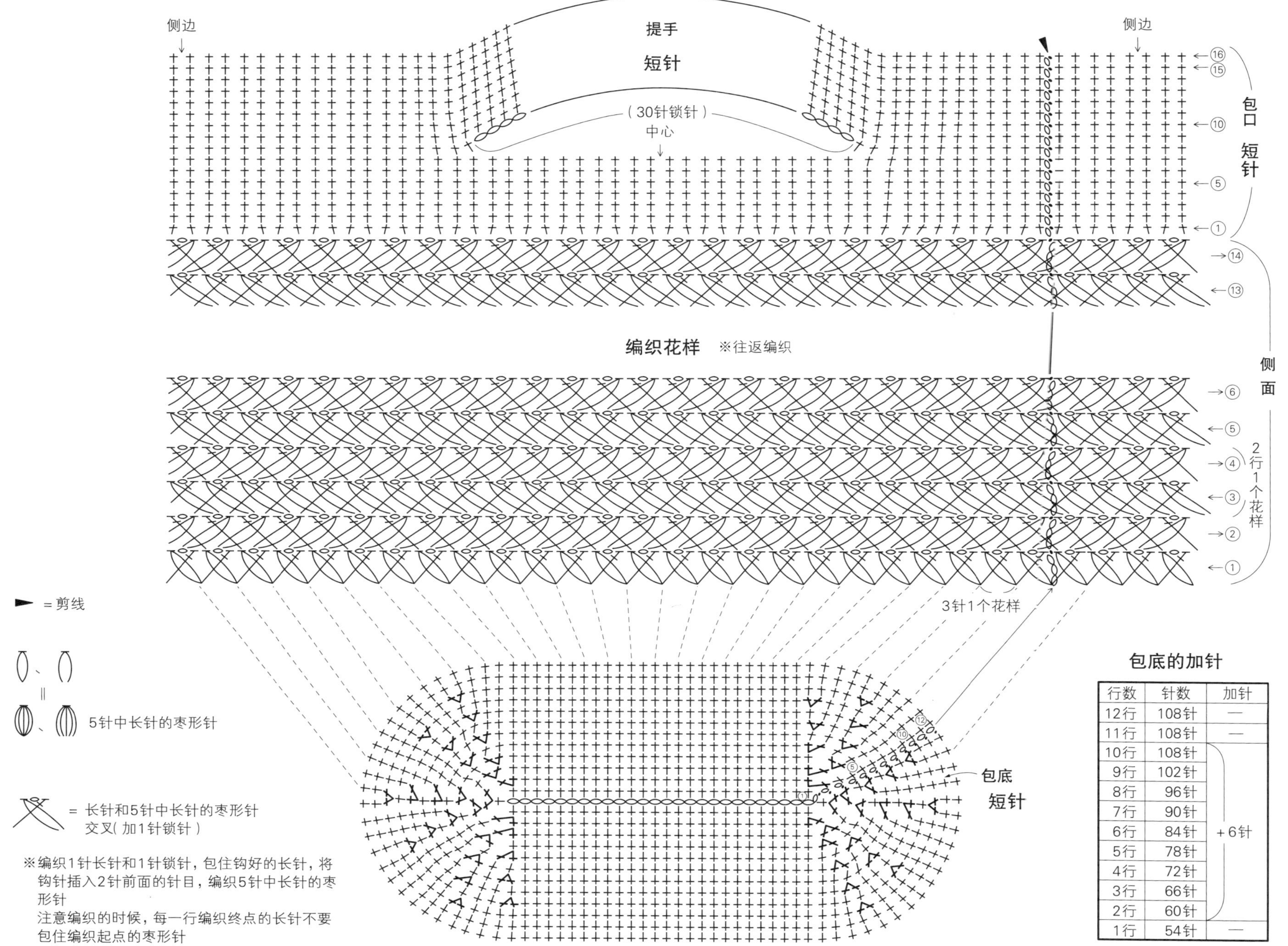

※编织1针长针和1针锁针，包住钩好的长针，将钩针插入2针前面的针目，编织5针中长针的枣形针
注意编织的时候，每一行编织终点的长针不要包住编织起点的枣形针

包底的加针

行数	针数	加针
12行	108针	—
11行	108针	—
10行	108针	+6针
9行	102针	
8行	96针	
7行	90针	
6行	84针	
5行	78针	
4行	72针	
3行	66针	
2行	60针	
1行	54针	—

X | 30页

●**材料**

Charkha(粗)象牙白色(10)250g/5团

Lecce(中细)灰色、红色、蓝色系段染(402)40g/1团

●**工具**

棒针5号

●**成品尺寸**

胸围98cm，衣长53.5cm，肩宽46cm

●**编织密度**

10cm×10cm面积内:条纹花样、下针编织均21针，29行

●**编织要点**

前、后身片 手指挂线起针后，做条纹花样、下针编织至肩部。前、后袖窿和前领窝做休针、伏针减针和立起侧边2针的减针。后领窝做伏针。肩部做引返编织，肩部的针目做休针处理。

组合 肩部将前、后身片正面相对做盖针接合。胁部做挑针缝合。衣领、袖口从身片挑针，按单罗纹针环形编织，编织终点做下针织下针、上针织上针的伏针收针。

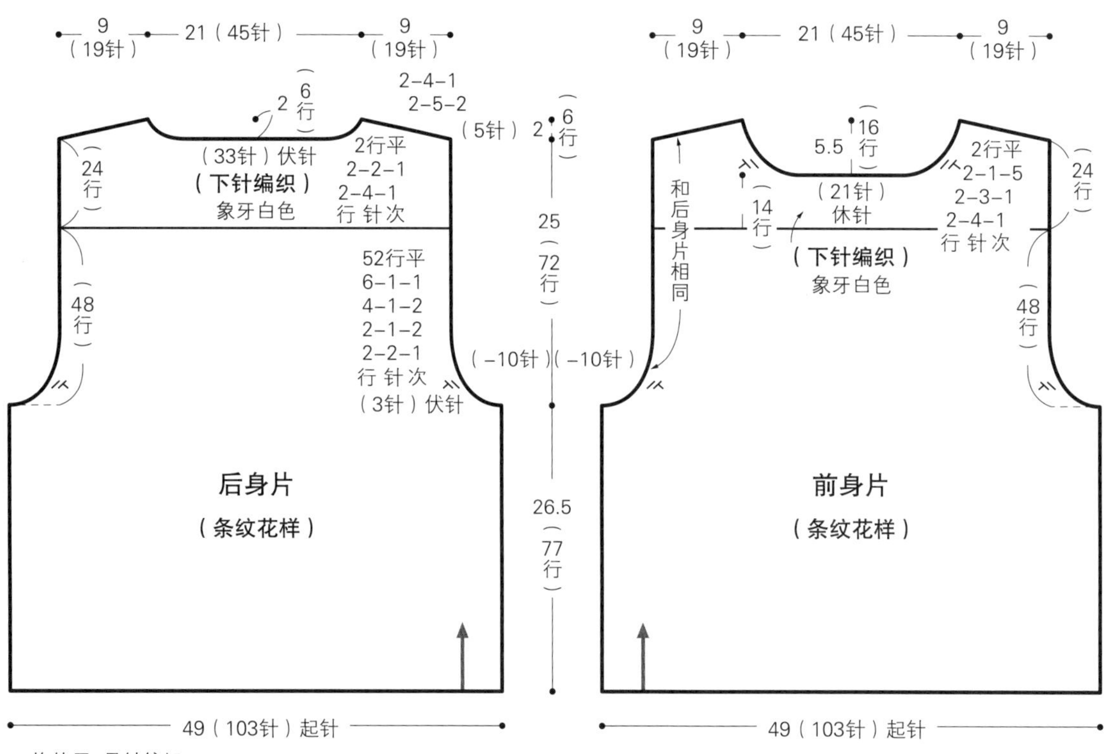

※均使用5号针编织

衣领、袖口 (**单罗纹针**) 象牙白色

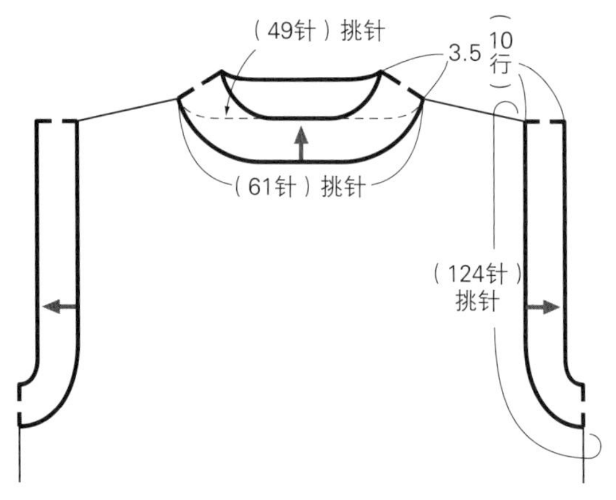

单罗纹针

做下针织下针、上针织上针的伏针收针

⑩ ⑤ ①

2 1

□ = 丨

前领窝

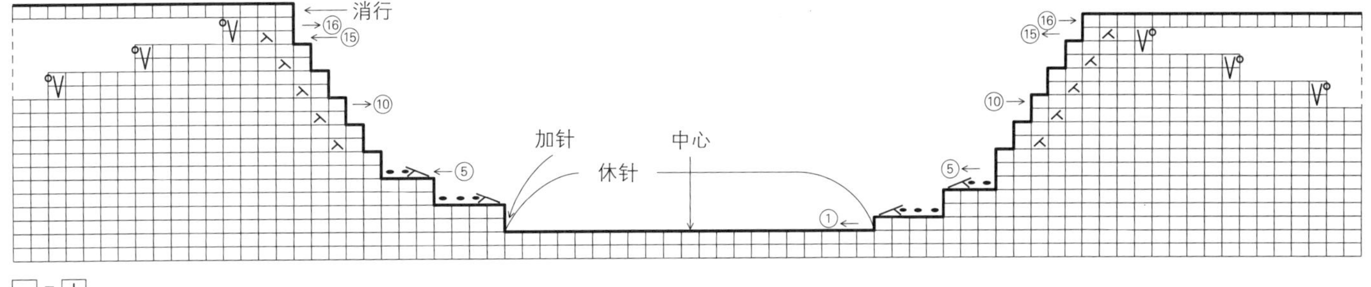

后领窝和斜肩

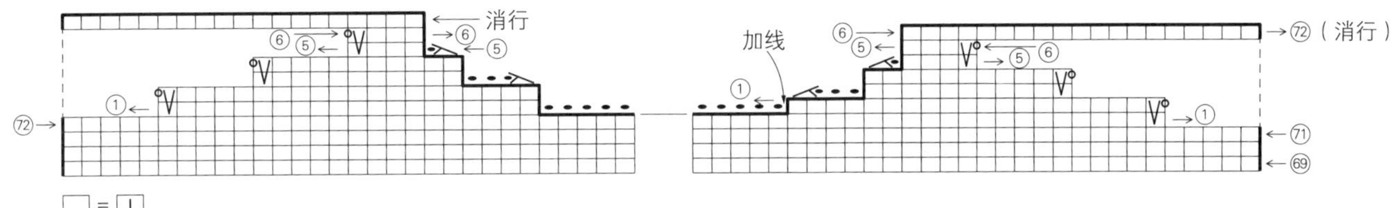

条纹花样

4针28行1个花样

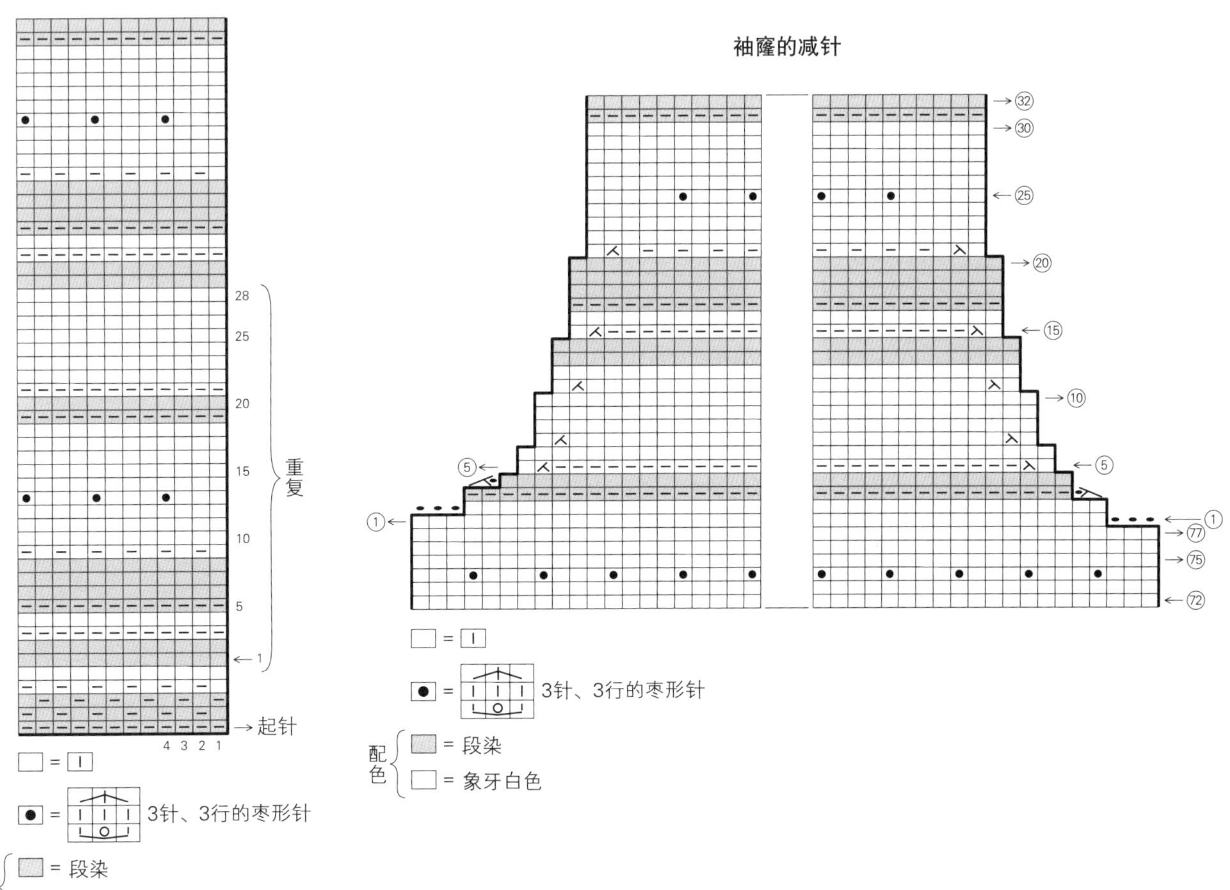

Y | 31页

●材料

MILLE COLORI BABY(中细)
a粉色、灰色系多色混合(203)90g/2团
b卡其色、驼色系多色混合(204)90g/2团

●工具

棒针8号，钩针7/0号

●成品尺寸

长273cm，宽25.5cm

●编织密度

10cm×10cm面积内：编织花样14针，26.5行

●编织要点

手指挂线起针，编织4行起伏针。接着按编织花样一边编织一边分散加针至第64行，最后做边缘编织。

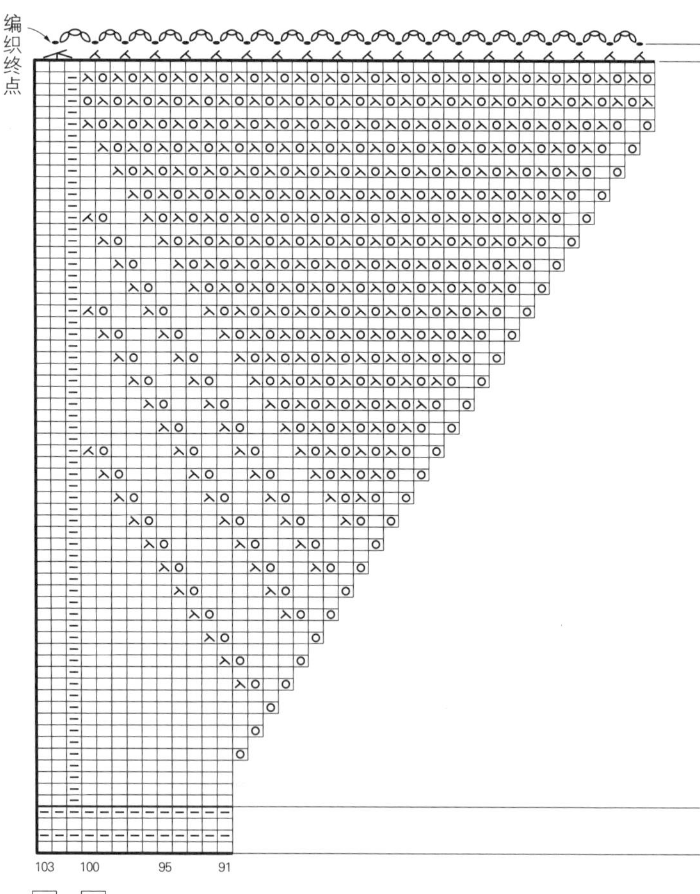

(191个花样)挑针
(边缘编织)
7/0号针
273(383针)
(编织花样)
73(103针)
(103针)
起针
(起伏针)
分散加针
一共
(+280针)
※参照图示
1
4行
24
64行
0.5
1行

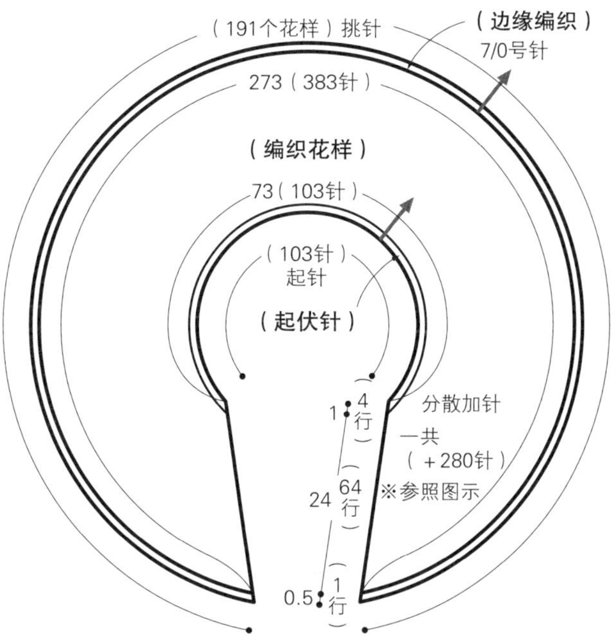

※除指定以外均用8号针编织

(38针)
1个花样
边缘编织
编织花样
起伏针
64
60
55
50
45
40
35
30
25
20
15
10
5
1
4
1
20
15
11
10
5
1
重复10次

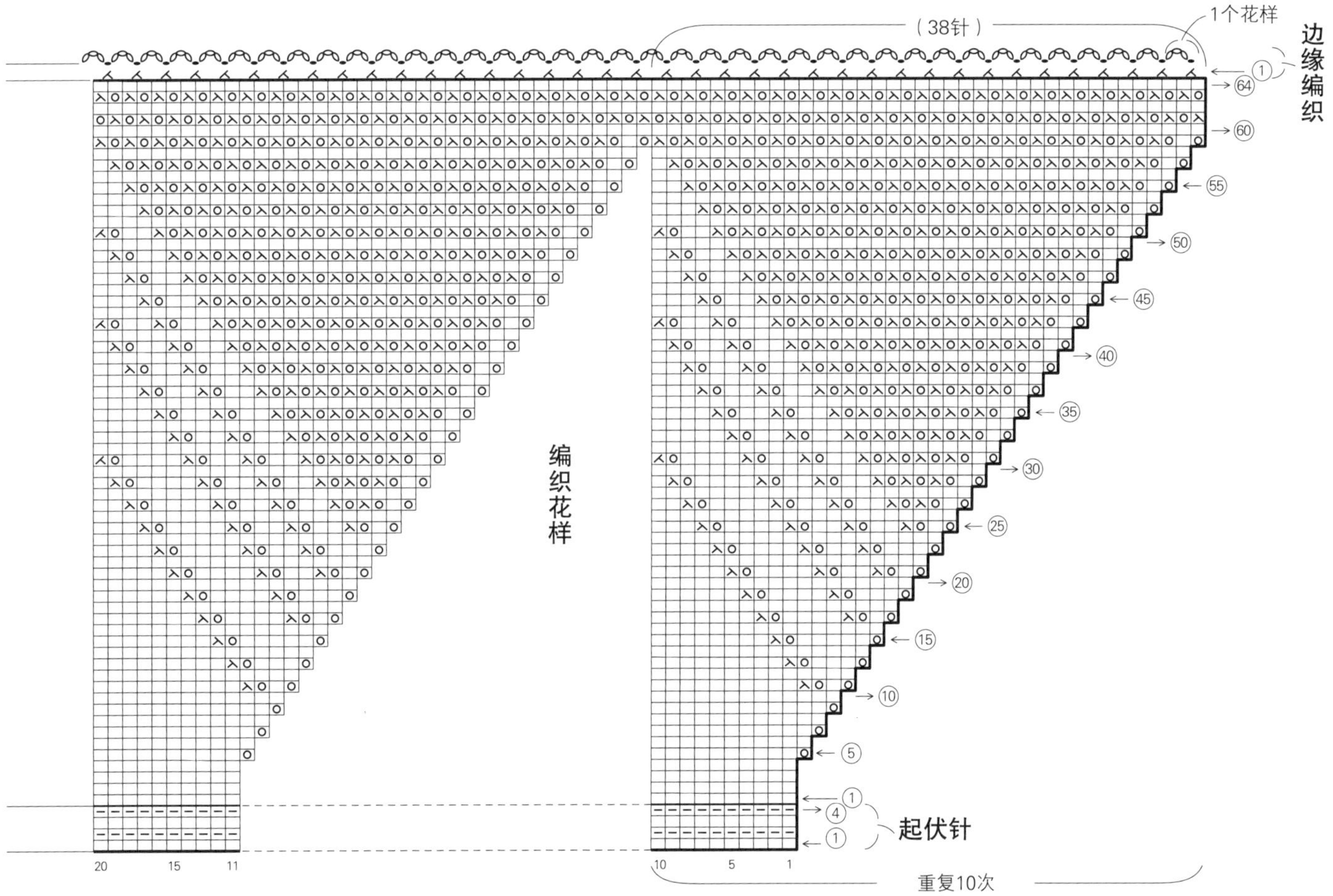

Photographer: Hironori Handa
Original Japanese edition published in Japan by NIHON VOGUE Corp.
Simplified Chinese translation rights arranged with Beijing Vogue Dacheng Craft Co., Ltd.

备案号：豫著许可备字 -2024-A-0063

图书在版编目（CIP）数据

欧洲编织 . 24, 乐趣十足的编织 / 日本宝库社编著 ; 李静译 . -- 郑州 : 河南科学技术出版社 , 2025. 7.--ISBN 978-7-5725-2008-2

Ⅰ. TS935.5-64

中国国家版本馆 CIP 数据核字第 2025ZP8539 号

出版发行：河南科学技术出版社
地址：郑州市郑东新区祥盛街27号　　邮编：450016
电话：（0371）65737028　65788613
网址：www.hnstp.cn
出 版 人：乔　辉
策划编辑：仝广娜
责任编辑：刘淑文
责任校对：耿宝文
封面设计：张　伟
责任印制：徐海东
印　　刷：河南博之雅印务有限公司
经　　销：全国新华书店
开　　本：889 mm × 1 194 mm　1/16　　印张：6　　字数：180千字
版　　次：2025年7月第1版　　2025年7月第1次印刷
定　　价：49.00元